Historia de la radiactividad

José Luis Gutiérrez

Historia de la radiactividad

El descubrimiento que abrió camino a la
física nuclear y a la ciencia contemporánea

© Editorial Pinolia, S. L., 2026
Calle de Cervantes, 26
28014, Madrid
© José Luis Gutiérrez, 2026

www.editorialpinolia.es
info@editorialpinolia.es

Colección: Divulgación científica
Primera edición: marzo de 2026

Depósito legal: M-2738-2026
ISBN: 979-13-88075-03-2

Diseño y maquetación: Almudena Izquierdo
Diseño cubierta: Óscar Álvarez
Impresión y encuadernación: Liberdúplex, S.L.

Printed in Spain - Impreso en España

A Sviatlana y a Niko, sois esa energía que ha hecho posible este libro que ahora está en manos de los lectores. Ni la edad del universo convertida en líneas serviría para expresar todo lo que os quiero.

ÍNDICE

1

TODO ESTÁ HECHO EN FÍSICA

En ciencia, los descubrimientos no siempre llegan siguiendo un plan preconcebido; en muchas ocasiones surgen por casualidad. Todos recordamos la manzana más famosa de la historia —con permiso de la de Adán y Eva— y el relato de cómo, al caer de un árbol, inspiró a un tal Isaac Newton. A partir de aquel episodio, real o no, se gestó una auténtica revolución en la física: Newton desarrolló una teoría que explicaría el funcionamiento del mundo durante siglos, hasta que otro genio, Albert Einstein, se atrevió a cuestionar sus fundamentos.

Este libro trata de la historia de uno de esos descubrimientos que acabó siendo de los más importantes de los últimos siglos y, quizá, de los más apasionantes de la historia y de la ciencia. La radiactividad o, como en su momento se decía, la «actividad del radio» supuso un antes y un después en la ciencia, que cambiaría para siempre la historia de la humanidad para lo bueno y para lo malo. La radiactividad se descubrió por pura casualidad, sin haber preparado un experimento a conciencia para poder averiguar algo. De manera que, una vez más en la ciencia, la casualidad abrió las puertas de algo desconocido y absolutamente maravilloso. Sin embargo, antes de describir este fenómeno, es conveniente que seamos conscientes de en qué época comenzó todo: el siglo xix. Se trata de un periodo en el que se avanzó mucho más que en cientos de años anteriores. Algo parecido a lo que sucedería también en el siglo siguiente.

¿En qué punto se encontraba la ciencia —y, en particular, la física— en el siglo xix? Si atendemos a ciertas leyendas muy difundidas, se habría llegado a afirmar que en física ya estaba todo descubierto y que lo único pendiente consistía, poco más o menos, en afinar algunos cálculos y reducir determinadas incertidumbres.

Resulta completamente cierto que se habían hecho enormes avances en física. Por ejemplo, se habían estudiado ampliamente fenómenos como la luz, la termodinámica, la electricidad, el magnetismo, el sonido, prácticamente estaban todos desarrollados. Lo que no es verídico es que fuera lord Kelvin, a quien se le atribuía la famosa cita de que todo estaba hecho en física a finales del siglo xix. Esta afirmación ha resultado siempre muy polémica y se han desarrollado muchas hipótesis sobre quién podría ser su autor. Muchas fuentes apuestan por William Thomson Kelvin —especialmente a partir de 1980—, pero no hay evidencia de que pronunciara nunca esas palabras. como vamos a ver a continuación, se trata de una forma de parafrasear a otro grande en la materia, aunque menos conocido, Albert A. Michelson.

En 1894, Michelson supuestamente expuso lo siguiente «Parece probable que la mayoría de los grandes principios de la física ya hayan sido formalmente establecidos. Un físico eminente señaló que el futuro desarrollo habrá que buscarlo en la sexta posición de los decimales». En otras palabras, que los futuros descubrimientos no serían en realidad más que meros ajustes de la incertidumbre, de manera que permitirían lograr precisiones de varios decimales.

Si investigamos un poco más sobre la famosa cita, encontramos un fragmento muy similar sí podemos atribuir a Michelson, pues aparece en su trabajo titulado *Aplicaciones de las ondas de luz:*[1] «Se podrían citar muchas otras fuentes, pero serían suficientes para justificar la afirmación de que los futuros descubrimientos que hagamos habrá que buscarlos en la sexta posición de los decimales». Por tanto, podemos afirmar con rotundidad que la cita no fue de Kelvin y que en el siglo XIX no todo estaba hecho en física, faltaban por aclarar varias cosas que no se entendían todavía muy bien.

A muchos seguramente les suene el famoso éter. Su existencia era algo que los científicos apenas ponían en duda. Se trataba de una materia necesaria a la hora de poder dar explicaciones a muchos de los fenómenos que se habían observado. Sin embargo, su existencia no se había demostrado de manera formal. Precisamente uno de los intentos por demostrar la existencia del éter fue llevado a cabo por Michelson. Tal y como decíamos al comienzo del capítulo, muchos de los grandes descubrimientos en ciencia a menudo surgen de una casualidad. También cabe destacar aquellos que surgen muchas veces de los experimentos que no salen como a uno le gustaría o como se había predicho. Y precisamente estos «errores» son los que ayudan a que la ciencia avance.

El experimento de Michelson fue justamente uno de esos experimentos que dieron un resultado diferente al esperado y que cambió la física para siempre.

Albert Abraham Michelson (Polonia, 1852–EE. UU., 1931) recibió el Premio Nobel de Física en 1907. Su experimento más importante fue el denominado como «Michelson-Morley». Este pretendía determinar el movimiento relativo de la Tierra respecto

---

1   Albert Abraham Michelson, Light waves and their uses..., (Chicago: University of Chicago, 1903), 24. Aunque el libro fue publicado en 1903, las ocho clases que recoge se impartieron tres años antes.

a la sustancia que todos aceptaban que existía, el famoso éter. El experimento se llevó a cabo entre abril y julio de 1887 en las instalaciones de la Case Western Reserve University en el estado de Ohio. Michelson trataba de comparar la velocidad de la luz en dos direcciones perpendiculares. Si las velocidades eran diferentes, entonces se podría demostrar la existencia del éter. Sin embargo, al llevar a cabo el experimento, el resultado demostró que eso no era así. Se observó que la velocidad de la luz no dependía de la dirección. Esto expuso dos evidencias: primero, se demostró que el éter en realidad no existía y, segundo, que la velocidad de la luz era una constante. De esto último se encargaría convenientemente de señalar un señor llamado Albert Einstein algunos años más tarde cuando formuló su famosa teoría de la relatividad especial.

Otra teoría que demuestra que en el siglo XIX no estaba todo descubierto fue la ondulatoria de ondas. Aquí, merece la pena mencionar a otro gran genio, de los que muchas veces son desconocidos para el público en general. Se trata de un científico que ya de pequeño mostró grandes cualidades y que, como otros muchos físicos de su época, comenzó como médico. Sí, la medicina era una forma de introducirse en el mundo de la física.

Michelson, entre sus otras muchas contribuciones, ayudó a descifrar nada más y nada menos que la famosa piedra Rosetta —sí, la que sirvió para descifrar los jeroglíficos egipcios—. La persona de la que hablamos es Thomas Young (Reino Unido, 1773-1829), conocido por su aporte a la teoría de la luz o a la teoría ondulatoria. Young fue tan importante que se solía decir de él que «era el hombre que lo sabía todo». En su época, había dos corrientes en física para explicar el fenómeno de la luz —algo así como cuando en fútbol hablamos de si una persona es del Madrid o del Barça, pero aplicado a la física—.

Isaac Newton había indicado que la luz eran partículas. Claro, de alguna forma debía arrimar el ascua a su sardina, que

Albert Abraham Michelson recibió en 1907 el Premio Nobel de Física.

era la teoría de la gravitación. Por otro lado, estaban los que afirmaban que la luz era una onda. Por ejemplo, personajes relevantes del mundo de la física como Hookes y Huygens eran partidarios de esta teoría. Así las cosas, había dos formas diferentes de interpretar la luz. Además, si tenemos en cuenta la enorme autoridad de Newton, atreverse a contradecirlo significaba tener pruebas muy sólidas.

En 1801, aparece en escena Thomas Young y su famoso experimento de doble rendija. La idea es relativamente sencilla: se hace pasar un haz de luz a través de una pantalla con dos rendijas y se generan patrones de interferencia, además de otros fenómenos. El resultado muestra que en realidad la luz se comportaba como si fuera una onda y una partícula. En otras palabras, ni Newton ni Hookes y Huygens estaban en lo cierto. Las dos posturas eran complementarias.

El campo de la mecánica también obtuvo avances. Seguramente a muchos de los lectores les resulta familiar el nombre de Foucault— sí, el del péndulo—. En febrero de 1851, León Foucault (Francia, 1819–1868) colocó en el edificio del panteón de París una bala de cañón de 28 kg suspendida de un cable de casi 70 m de largo que estaba colocado justo encima del centro de la cúpula del panteón, de este modo la bala podía oscilar libremente. Al observar, se veía cómo «el péndulo se movía» y derribaba palitos colocados de forma que al cabo de casi doce horas el movimiento los había tirado todos.

Pero no era el péndulo el que se movía, sino que era el suelo bajo el péndulo la que lo hacía. En otras palabras, era nuestro propio planeta el que se desplazaba. Así se demostró la rotación de la Tierra y, a día de hoy, es raro el museo de ciencias que no tiene una reproducción del péndulo en su exhibición. Aunque se emplean electroimanes para mantener el péndulo oscilando porque, de lo contrario y por rozamiento, al final la oscilación libre del péndulo se detendría. De esta forma se demostró algo que se había teorizado, pero que no se había comprobado. Como dijo muchos siglos antes el italiano Galileo: «y, sin embargo, se mueve».

Otro campo de la física en el que también se progresó fue el de la termodinámica. Los famosos tres principios estaban plenamente establecidos en el siglo XIX y el enorme avance de la termodinámica estadística debería esperar otros casi cien años hasta el siglo XX.

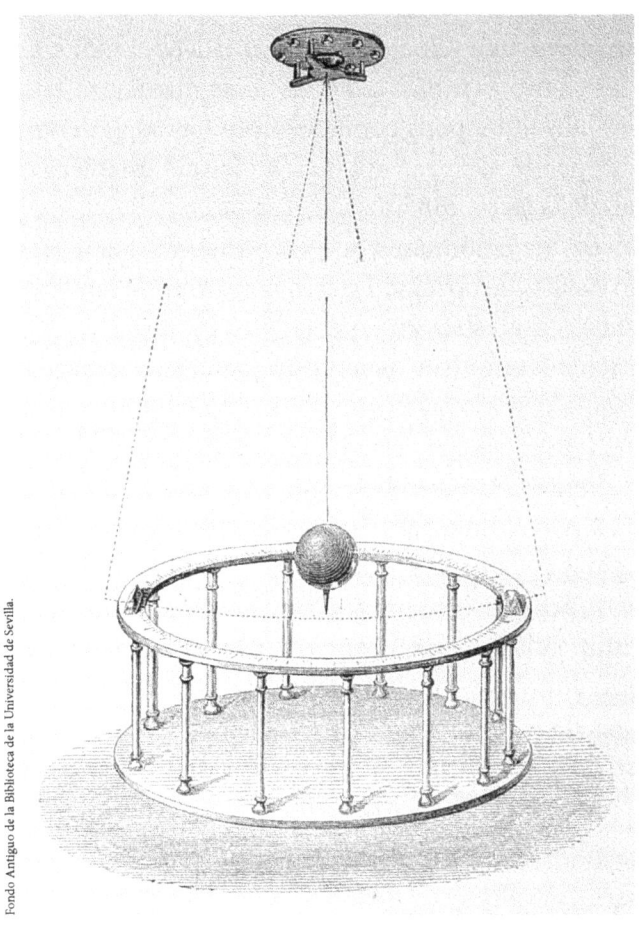

Ilustración del péndulo de Léon Foucalt.

Uno de los avances en termodinámica más importantes fue el dejar de usar otra de las palabras que prácticamente eran intocables y que hoy nos resultan graciosas, el denominado calórico. Este término quedó en desuso y se comenzó a hablar del calor como un movimiento de las moléculas de las sustancias. Años más tarde la termodinámica estadística le pondría un nombre más sofisticado a «la medida de la energía cinética media de las moléculas», temperatura. En otras palabras, la temperatura es algo así como una velocidad; por eso esta es menor cuando las moléculas se mueven más lento. Si no se movieran, estaríamos en el cero absoluto, pero como siempre hay algo de vibración, este no se puede alcanzar. Algo así es lo que establece el tercer principio de la termodinámica.

Otros de los fenómenos que eran muy curiosos en el siglo XIX eran el de la electricidad y el magnetismo —tan fascinantes que hasta se empleaban en espectáculos esotéricos—. Gracias a la electricidad, entonces recién estudiada, se desarrollaron inventos como el pararrayos que permitió evitar que las tormentas futuras nos achicharraran con sus rayos. También se descubrió el tubo de rayos catódicos que va a servir más adelante en el siglo XX para comenzar a hablar de radiaciones.

El siglo XIX, gracias a las contribuciones de Maxwell y de otros científicos, ofreció por primera vez una explicación coherente y unificada de la electricidad y el magnetismo. Este avance se plasmó en lo que muchos consideran las cuatro ecuaciones más bellas de la física: las célebres ecuaciones de Maxwell, que servirían de base a numerosos desarrollos posteriores y marcarían el rumbo de la física moderna.

$$\nabla \cdot \mathbf{D} = \rho$$
$$\nabla \cdot \mathbf{B} = 0$$
$$\nabla \times \mathbf{E} = -\frac{\partial \mathbf{B}}{\partial t}$$
$$\nabla \times \mathbf{H} = \mathbf{J} + \frac{\partial \mathbf{D}}{\partial t}$$

Yassine Mrabet.

Las cuatro ecuaciones más bellas de la física.

Michael Faraday (Reino Unido, 1791–1867) es otro científico británico de los que merece la pena detenerse unos momentos para explorar un poquito. Procedía de una familia no especialmente pudiente, pero pudo hacerse un hueco en la historia de la física. ¿Por qué y qué le debemos a Faraday?

Casi todos hemos visto que en las películas de espías —tipo James Bond, *Misión imposible* y otras similares— hay unas habitaciones en las que se encierra a los protagonistas cuando tienen que discutir cosas importantes y quieren estar aislados del mundo. Este tipo de recintos funciona gracias al principio de la «jaula de Faraday». Se trata de unas salas construidas con materiales especiales que provocan que dos campos electromagnéticos diferentes se anulen el uno al otro. De este modo, podría decirse que nada puede entrar, pero tampoco salir, de ahí el nombre de jaula. Por este motivo son recintos aislados del mundo, de forma que lo que se habla dentro, dentro se queda. Como cuando decimos que «lo que pasa en Las Vegas se queda en Las Vegas», pero adaptado a la vida real y basado en principios perfectamente establecidos.

El nombre de Faraday viene porque fue precisamente el trabajo que Michael Faraday desarrolló con el campo electromagnético el que facilitó la existencia de estos recintos. Tampoco tenemos que irnos a las películas porque es algo que podemos experimentar nosotros mismos, ya que hay muchas jaulas de Faraday y las experimentamos todos en nuestra vida cotidiana. Fíjense cuando estén en un ascensor cómo a veces el móvil deja de funcionar o lo hace muy mal, o cuando estamos dentro de un avión, por ejemplo.

Uno de los fenómenos en los que Faraday trabajó más intensamente fue el de la inducción electromagnética. Otro de esos fenómenos que a finales del siglo XIX tenía fascinados a los físicos de la época.

Este se produce cuando hacemos pasar una corriente eléctrica por un alambre que está enrollado. Si al lado tenemos otro alambre, entonces podemos ver cómo de repente se induce una corriente en este segundo alambre. Esto los estudiantes de física lo conocen muy bien porque se explica indicando que un campo eléctrico puede generar un campo magnético y viceversa. Como veremos más adelante, Maxwell le daría forma matemática.

Pasará menos de un siglo hasta que otro de los personajes que van a tener protagonismo en este libro, un tal Albert Einstein, tome la inducción electromagnética para desarrollar su teoría de la relatividad. El fenómeno de inducción electromagnética ha sido tan determinante en física que merece la pena destacar que fue estudiado en profundidad por una persona procedente de una familia muy humilde. Lo cual es de gran relevancia si tenemos en cuenta el contexto del siglo XIX, donde tener acceso a la ciencia y la educación superior no era algo sencillo si tus orígenes eran humildes.

Otro de los efectos fundamentales cuyo descubrimiento debemos a este científico humilde es el conocido como efecto Faraday. Gracias a él se observa que un campo magnético es capaz de alterar la propia luz. ¿Se entiende ahora el motivo por el que Einstein recurrió a estas ideas en su teoría de la relatividad general? Campo magnético, magnetismo, gravitación y alteración de la luz remiten, en el fondo, a una misma idea: la modificación de la trayectoria de un haz luminoso. No obstante, aún tendrían que pasar varias décadas hasta que este fenómeno pudiera estudiarse con detalle y adquirir una formulación matemática precisa.

Así, al analizar los descubrimientos de Faraday, casi siempre aparece asociado el nombre de uno de los físicos más célebres de la historia. Un científico que, según una encuesta sobre los cien físicos más relevantes o influyentes de todos los tiempos, ocupa el tercer puesto, solo por detrás de los dos grandes referentes de la disciplina: Isaac Newton y Albert Einstein. Nos referimos, por supuesto, a James Clerk Maxwell. Cualquiera que tenga curiosidad por la ciencia y, en particular, por la física acaba encontrándose tarde o temprano con este nombre. Sus ecuaciones son muy famosas y cuentan con innumerables referencias; pero también, ¿para qué negarlo?, son motivo de no pocas pesadillas para los estudiantes de física cuando se enfrentan por primera vez a su formalismo matemático,

James Clerk Maxwell (Reino Unido, 1831-1879) fue matemático de formación y procedente de una pequeña familia aristocrática de Escocia. A él se debe la formulación de la teoría clásica del electromagnetismo. Perteneció al famoso King's College y, ¿adivinan a quién conoció allí? Al otro científico del que hemos hablado en líneas anteriores, a Michael Faraday. Su vida es realmente fascinante y sus famosas ecuaciones, una de esas maravillas de la física donde, usando un formalismo matemático, consigue explicar la electricidad y el magnetismo a través de cuatro expresiones.

Pero Maxwell no es célebre únicamente por sus ecuaciones, que son las que más fama le han otorgado. En el siglo XIX, también estaban produciéndose muchos avances en la astronomía. Por ejemplo, Maxwell pasará a la historia por explicar la naturaleza de un fenómeno curioso de la astronomía que ahora nos parece simple, pero que en el siglo XIX nadie conseguía explicar: ¿de qué se componen los anillos de Saturno? Se habían podido observar, pero faltaba darles una explicación. Si fueran sólidos, deberían colapsar por la atracción gravitatoria del planeta, pero evidentemente no lo hacen porque ahí están presentes y se mantienen estables.

Si tienen oportunidad de acceder a un telescopio, la observación de los anillos de Saturno es de esos momentos que no se olvidan y que te enganchan a la astronomía para siempre. Maxwell fue el primero que consiguió explicarlos a través de la hipótesis de que en realidad no eran anillos, sino millones de pequeñas partículas que, al estar tan poco separadas y ser observadas desde lejos, dan la impresión de que se trata de algo sólido y de ahí su belleza.

James Clerk Maxwell creador de la primera fotografía a color.

Asimismo, fue el siglo del nacimiento de la fotografía, y, precisamente, Maxwell fue quien logró presentar la primera fotografía en color, en el año 1861. Las aportaciones de Maxwell darían lugar décadas después a descubrimientos apasionantes en física. Su teoría del electromagnetismo y sus famosas ecuaciones servirán a Albert Einstein para desarrollar su teoría de la relatividad. Maxwell también trabajaba con gases y la teoría que desarrolló serviría para asentar los pilares del otro gran descubrimiento del siglo xx, la mecánica cuántica. Y en cuanto a la parte experimental, sus trabajos en el instituto Cavendish pondrán las bases para el desarrollo de la teoría atómica.

Resulta increíble cómo estos fenómenos que traían de cabeza a los científicos y físicos del xix, como los gases o la electricidad, serían la llave de los más apasionantes descubrimientos del siglo xix. Y no solamente a los científicos, también otros sectores de la sociedad mostraban una enorme curiosidad por los avances que se iban produciendo y hasta se empleaban en espectáculos públicos totalmente alejados de los clásicos eventos científicos.

Llegados a este punto, podemos resumir los temas clave de la física en el siglo xix del siguiente modo:

- Electromagnetismo (Faraday, Maxwell, Hertz).

- Termodinámica (Carnot, Clausius, Boltzmann).

- Mecánica estadística (Maxwell, Boltzmann, Gibbs).

- Óptica y luz (Young, Fresnel, Michelson-Morley).

- Física matemática (Gauss, Hamilton, Riemann).

- Éter y su crisis (Maxwell, Lorentz, Michelson-Morley).

- Inicios de la física atómica (Thompson, Dalton, Avogadro).

Ha llegado el momento de empezar a hablar de un tal Thomson, pues del estudio del átomo desembocaremos en el de la radiactividad. En este libro abordaremos la historia de la radiactividad y, para ello, conviene detenernos brevemente en esas estructuras presentes en todo lo que nos rodea: los átomos.

De manera sorprendente, hasta casi comienzos del siglo xx se pensaba que los átomos eran indivisibles, e incluso se llegó a poner en duda su propia existencia. No en vano, la palabra *átomo* procede del griego y significa, precisamente, «indivisible».

Como hemos visto hasta ahora, el siglo XIX fue una época espectacular para la física, con un desarrollo enorme de casi todas las disciplinas —aunque nada comparado con el siglo XX—. A finales de siglo, parecía que los físicos comenzaban a tener claro que los átomos eran una realidad y, como nos encanta a los físicos hacer siempre, si algo es una realidad, necesitamos estudiarlo y, para ello, lo mejor que podemos hacer es modelizarlo. Claro que, si nos ponemos en el contexto de finales del siglo XIX, no era fácil hacer un modelo del átomo. Tengamos en cuenta que en esa época solo se manejaba la física clásica, la de Newton, y evidentemente nadie había visto nunca ni siquiera de lejos un átomo. Aunque se habían observado fenómenos que eran compatibles con su existencia, como por ejemplo la radiactividad.

De este modo aparece en escena un personaje que será de los primeros en proponer un modelo para esa estructura que se suponía indivisible. Estamos hablando de William Thomson (Reino Unido, 1856–1940), hijo de un vendedor de libros. Otro nombre importante en física, de orígenes muy humildes.

De formación matemático, trabajó gran parte de su vida en el laboratorio Cavendish, donde coincidió con Maxwell. En 1897, Thomson descubre el electrón y es en ese momento cuando se crea un dilema en la física. Los átomos son neutros, algo que ya se sabía. Pero si existen unas partículas que llamamos electrones y están cargadas negativamente, entonces debe haber algo que neutralice a los electrones. ¿Qué podía ser? Fue entonces cuando Thomson propuso el primer modelo atómico propiamente dicho, conocido de forma coloquial como el «pastel de ciruelas». Imaginemos un pastel redondo y esponjoso, en cuyo interior se encuentran incrustadas numerosas ciruelas. Así concebía Thomson el átomo: el pastel representaría una carga positiva distribuida de manera uniforme, mientras que las ciruelas serían los electrones. Estos se moverían dentro de esa masa positiva, de modo que sus cargas negativas quedaran compensadas, haciendo que el átomo fuese, en conjunto, eléctricamente neutro.

Todo este modelo con una descripción rigurosísima aparece escrito en un artículo publicado por Thomson en 1904, donde realiza una descripción matemática de lo que acabamos de explicar de forma maravillosa. El artículo se encuentra disponible en la red y se publicó en la revista *Philosophical Magazine Series*. Merece la pena leerlo porque es increíble ver cómo se escribían los artículos científicos en esa época; recordemos que solo se disponía de una máquina de escribir y no había ordenadores para hacer ningún tipo de cálculo.

Con el descubrimiento del electrón y la propuesta del primer modelo atómico, se inicia una nueva era en la ciencia: la física atómica. No obstante, casi de inmediato, el modelo de Thomson empezó a mostrar sus limitaciones. Si bien permitía explicar algunos fenómenos —como los rayos catódicos—, no conseguía explicar otros resultados experimentales que otro físico de renombre, un tal Rutherford, estaba comenzando a obtener. Sería el propio Rutherford quien, tiempo después, propondría un modelo atómico alternativo, mucho más eficaz para describir la estructura del átomo y que conduciría al descubrimiento de nuevas partículas fundamentales, entre ellas el protón y el neutrón.

Las nuevas experiencias y avances comienzan a demandar respuestas a preguntas que los físicos se están haciendo: ¿cómo es la materia por dentro?, ¿cómo son los átomos?, ¿cómo se comporta la luz?, ¿es onda o partícula? Sobre todo, a finales del siglo XIX, se descubre de casualidad una propiedad de la materia que es totalmente desconcertante: algunos materiales emiten rayos, de momento misteriosos y no identificados. Un alemán y un francés observan estas emisiones extrañas y, uniendo esto a los avances que hemos detallado, se abre una nueva etapa en la física.

Nos encontramos en los albores del descubrimiento de la radiactividad, una propiedad intrínseca de algunos materiales que va a permitir llevar a cabo una revolución como nunca antes se ha producido en la ciencia. Gracias a ella, la humanidad fue capaz de alcanzar algunos de sus mayores logros y, al mismo tiempo, de cometer las atrocidades más terribles: aprenderíamos a jugar a ser destructores de mundos y también a curar enfermedades hasta entonces inexplicables. Por primera vez en la historia, se pudo explorar el interior del cuerpo humano sin que la persona hubiera fallecido y generar enormes cantidades de energía a partir de cantidades ínfimas de materia.

El descubrimiento de la radiactividad y su historia van a poner a prueba los fundamentos de la física a los que hemos aludido y van a hacer tambalearse los pilares de esta ciencia. Va a cuestionar a aquellos que pensaban que todo estaba escrito en física y que los avances tendrían que buscarse en la sexta cifra decimal.

La radiactividad revelará un campo totalmente desconocido y apasionante en física que abrirá las puertas de aplicaciones impresionantes y va a afectar a todos los aspectos de las ciencias, las matemáticas e incluso la propia filosofía.

Finalmente, es obligatorio mencionar a un personaje clave no solo en física, sino en ciencia en general, y que también compartió época con todos los grandes nombres que hemos mencionado hasta ahora.

Incluso en el siglo XIX, la propia existencia de los átomos era cuestionada. No estaba nada claro, por muy raro que nos pueda parecer ahora. Además, había un poco de lío clasificando a los propios elementos químicos y tampoco estaba claro qué eran estos exactamente. No se habían clasificado todavía los elementos químicos, aunque se conocían bastantes. La importancia de estos —recordemos que son los ingredientes que conforman todo lo que nos rodea, incluso a nosotros— hizo imperativa su clasificación. El encargado de esta tarea fue Dmitri Ivánovich

Dmitri Ivánovich Mendeléyev creador de la tabla periódica.

Mendeléyev (Siberia, 1834–1907), un científico con muy mal genio según explican sus biógrafos, que solo se afeitaba una vez a la semana, por lo que hay numerosas imágenes suyas con una larga barba. Resultó un tanto controvertido, el hecho de proceder de Siberia le causó numerosos problemas con la sociedad académica rusa de San Petersburgo y sus ideas liberales no casaban con el conservadurismo de la época.

Las contribuciones de Mendeléyev fueron incontables y, entre ellos, destaca la creación de la tabla periódica, aunque también llegó a participar en numerosos campos, uno de ellos la agricultura. Pero volvamos a la tabla periódica, otros científicos previamente habían intentado clasificar los elementos químicos. Algunos de ellos usaron criterios como, por ejemplo, el peso atómico de estos. Sin embargo, Mendeléyev decidió prestar atención a las propiedades químicas. De este modo, los elementos se pueden clasificar en grupos, que son las columnas de la tabla periódica que todos conocemos, las cuales agrupan elementos que tienen pesos atómicos distintos, pero propiedades químicas similares. Además, consideró que existe cierta periodicidad en dichas propiedades, de ahí el nombre de tabla periódica.

Al usar este criterio, algunos lugares de la tabla se encontraban huecos, puesto que en el momento de desarrollarse el sistema de clasificación no se conocían. Esta es una de las genialidades de la tabla periódica, permitió «predecir» la existencia de elementos nuevos. No solo eso, sino que además era posible determinar las propiedades químicas que tendrían aquellos que ocupasen los espacios vacíos. Ahí reside la genialidad de su tabla, tanto los elementos naturales como los artificiales encajan a la perfección. Mendeléyev, no obstante, no terminaba de creerse del todo la existencia de los átomos y de las moléculas, lo cual no deja de ser chocante dado que su sistema sirve precisamente para clasificarlos.

2

UNA HISTORIA PRECIOSA DE AMOR Y CIENCIA

Otro campo que en el siglo XIX aún tenía camino que recorrer era la óptica. Los físicos, a pesar de haber llegado a la conclusión de que la luz viajaba a la misma velocidad siempre independientemente de la dirección desde la que se observaba, no se ponían de acuerdo sobre un aspecto muy básico, su composición. ¿Era una partícula o una onda? Esta incógnita junto con todas las otras que los grandes científicos de la época estaban intentando resolver pusieron de manifiesto una realidad: cada vez que conseguían avanzar, les surgían problemas mayores que los que tenían previamente. Ejemplo de ello es Mendeléyev, quien después de lograr clasificar los elementos químicos, se encontró con huecos vacíos en su famosa tabla periódica.

En el caso de Mendeléyev y de sus colegas científicos, aunque no podían saberlo en ese momento, al clasificar los elementos de esa forma, en realidad, estaba utilizando los núcleos de los átomos. En aquel entonces, la idea de que los átomos pudieran tener un núcleo era un disparate. Ahora nos parece algo muy evidente, pero pensemos que estamos en un punto de la historia en el que se piensa que los átomos son elementos indivisibles.

Sin saberlo, el científico ruso estaba comenzando a dar importancia a un elemento por descubrir, el cual otros científicos comenzarían a estudiar años más adelante.

Los avances en física del siglo XIX estaban sentando las bases para los mayores descubrimientos de la historia que se iban a suceder en los años siguientes, dos claros ejemplos de ello son la radiactividad y la mecánica cuántica. Precisamente, estas dos disciplinas iban a ser las que conseguirían explicar muchos de los interrogantes que se estaban planteando. Sin olvidarnos del otro avance que marcaría el principio del siglo XX, la relatividad de Einstein.

Ahora centrémonos en el ámbito que nos interesa: la radioactividad. ¿Cómo y dónde se originaron los primeros experimentos que iban a llevar a su descubrimiento? Para contestar esta pregunta, debemos fijarnos en un fenómeno que no era ninguna innovación y, de hecho, se llevaba observando desde hacía muchos años. Quizá, en un paseo durante una noche de verano en el bosque o en las afueras de algún pueblo de esos donde vivían nuestros abuelos y pasábamos los veranos, habremos podido observar ciertos insectos que, de forma casi mágica, iluminan la noche y crean espectáculos preciosos.

Estamos hablando de la fosforescencia, que no tiene nada de magia. Se trata de un fenómeno físico que se conoce desde hace cientos de años, pero que cuyo interés reside en saber cómo se produce, ya que está muy relacionado con la protagonista de nuestro libro, la radiactividad.

La fosforescencia es un fenómeno por el que determinadas sustancias son capaces de almacenar energía y, posteriormente, liberarla poquito a poco. Por ese motivo, los antiguos despertadores de manillas necesitaban estar expuestos a la luz durante el día, para que por la noche brillaran. Aunque si habéis hecho la prueba de mirar al despertador unos minutos, habréis visto que al cabo de un tiempo la propiedad desaparece y dejan de brillar. Esto sucede porque han liberado toda la energía que habían almacenado durante el día. Podéis encender la luz de la habitación, si queréis que se carguen de nuevo de energía. Cuidado con confundir fosforescencia y fluorescencia. La fluorescencia es un fenómeno en el que la energía se libera toda de golpe.

Tampoco caigamos en el mito extendido de que los materiales radiactivos emiten luz y, además, de color verde. No ocurre como en la serie de *Los Simpson,* donde se ven las sustancias radiactivas como barras que emiten una luz verde intensa o como cuando se representa a Marie Curie con una barra de color verde en la mano. En realidad, ni la radiactividad ni los materiales radioactivos emiten luz. Si lo hicieran, podríamos ver perfectamente por la noche porque nosotros mismos somos materiales radiactivos. Respiramos aire que contiene, entre otros elementos, gas radón, que es un material radiactivo; las paredes de nuestra casa tienen materiales radiactivos, y hasta el agua que bebemos es radiactiva. En otras palabras, no necesitaríamos luz artificial porque veríamos perfectamente.

Lo que ha llevado a esta confusión tan extendida de que las sustancias radiactivas irradian luz es su parecido terminológico con el fenómeno de la radioluminiscencia. Esencialmente, consiste en que una partícula que sale de una sustancia radiactiva impacta con un material que no es radiactivo, la partícula lleva consigo energía y, por tanto, el material sobre el que ha chocado absorbe la energía y la emite poco a poco. Como indicábamos antes, el proceso se llama fluorescencia, pero al estar generado en este caso por una sustancia, se le ha llamado radioluminiscencia y de este modo se ha generado el lío.

En la segunda mitad del siglo XIX, junto con el fenómeno de la fosforescencia que se llevaba observando apareció un científico —en esta ocasión no era británico, como casi todos a los que hemos aludido hasta el momento—. Se trataba de un científico nacido en el territorio que ahora es Alemania, Wilhelm Conrad Röntgen (1845–1923). Descubrió nada más y nada menos que los famosos rayos X. De hecho, en muchos países, en

Wilhelm Conrad Röntgen descubrió los rayos X.

lugar de hacer radiografías, se hacen «roentgengrafías», esta palabra es una traducción al castellano un poco forzada del nombre de esta técnica en alemán o en sueco. En otros idiomas, como en castellano, hablamos de radiografías o, más comúnmente, de rayos X.

La figura de Röntgen es tremendamente relevante en la historia de la radiactividad porque su descubrimiento de los rayos X consiguió que, por primera vez, fuera posible ver el interior de las cosas sin necesidad de romperlas. Previamente, para ver qué pasaba dentro de las cosas o dentro de nuestro cuerpo, era necesario romperlo. Ahora nos parece algo muy raro, pero no era posible saber qué gravedad tenía una simple fractura de un hueso a no ser que se abriera el tejido —algo muy poco agradable—.

El descubrimiento de los rayos X supuso avances enormes para la medicina, pero también en otras disciplinas como en la industria, al poder observar cómo eran los materiales por dentro o si tenían fracturas o incluso defectos. Actualmente, se emplean de forma muy habitual, hasta el punto de que a casi todos nos han «radiado», como se suele denominar cuando nos hacen una radiografía, o nos han dado rayos.

Wilhelm Röntgen no se dedicaba en realidad al campo que le llevaría al descubrimiento de los rayos X. Como casi siempre ocurre en estos casos, los famosos rayos se descubrieron por pura casualidad. Mientras trabajaba con un tubo de rayos catódicos, vio cómo les afectaba la presión y se dio cuenta de que, al dejar en el interior oscuro de este una placa y algunos de los materiales, los rayos podían atravesarlos sin problemas. Su mujer, que estaba dando vueltas por el laboratorio donde trabajaban, interpuso su mano en el camino de los rayos, lo que provocó que, en el otro extremo del tubo, se pudiera observar la que sería la primera radiografía de la historia. La mano de la mujer de Röntgen aparecía perfectamente visible y su anillo de casada se convertiría en uno de los más famosos de la física, al distinguirse perfectamente en la imagen.

A partir de este momento no era necesario el esperar a que los cuerpos hubieran fallecido para ver lo que había en su interior. Su primera aplicación evidente sería la medicina y, obviamente, el avance que supuso fue enorme. Hizo posible estudiar fracturas, estructuras u órganos sin necesidad de crear dolor para ello. Aparentemente, los nuevos rayos eran inofensivos, de hecho, cuando nos hacen una radiografía, no nos duele nada. Pero ¿lo son de verdad?

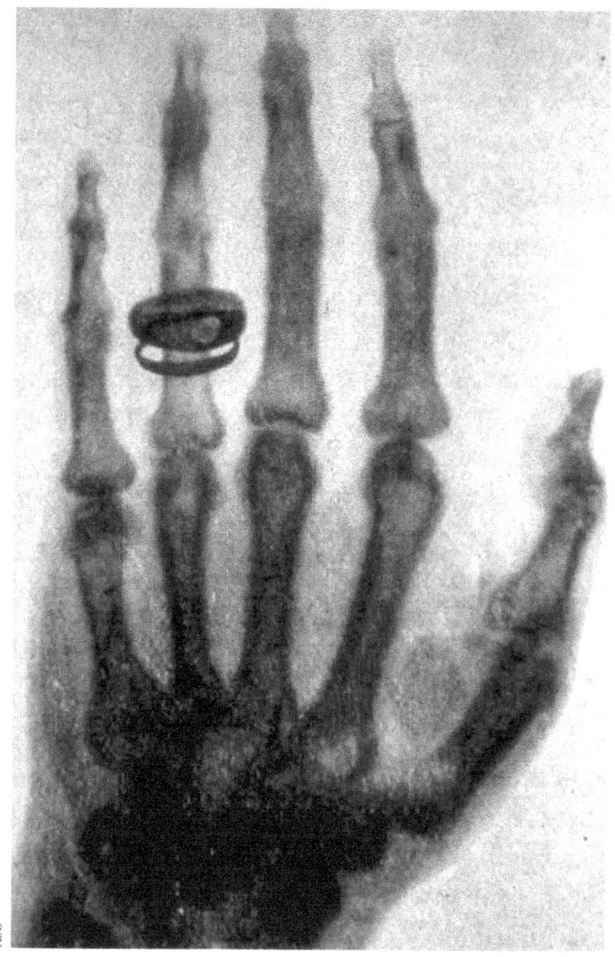

Radiografía de la mano izquierda de Albert von Koelliker realizada por Röntgen.

Para entender si los rayos X son inofensivos o no, tenemos que tener en cuenta de qué tipo de radiación se trata. Los rayos X pertenecen al campo de las radiaciones ionizantes. En nuestro día a día estamos rodeados de radiaciones por todos los lados. De no ser así, no podrían estar leyendo el libro que tienen en sus manos, ni siquiera podría ver, ni mucho menos hablar por teléfono o ver una película en sus tabletas usando sus auriculares *bluetooth*. Las radiaciones se clasifican en dos tipos: no ionizantes e ionizantes. Las primeras, como indica su propio nombre, no ionizan el átomo, es decir, su energía no es suficiente como para poder arrancar electrones del átomo y es como si pasara por el átomo y este no se enterara. En cambio, las radiaciones que sí son ionizantes disponen de energía suficiente para poder arrancar electrones del átomo, como si tuvieran energía para cortar las cuerdas que mantienen a los electrones unidos al átomo. Este tipo de radiaciones sí que pueden generar daños en el cuerpo.

Los rayos X pertenecen al campo de las radiaciones ionizantes. Pueden arrancar electrones del átomo y de hecho generan daños. Pero como veremos más adelante, en muchas ocasiones está compensado por el beneficio que se obtiene al poder observar la estructura interna del cuerpo.

Además, los rayos X necesitan energía extra para producirse. Recordemos que Röntgen los descubrió cuando estaba estudiando el comportamiento de los rayos catódicos dentro de un tubo, esos rayos debieron producirse de alguna manera. De este modo, se desmonta el mito de que los aparatos de rayos X generan radiación cuando no están en uso. No, no generan radiación cuando están apagados. Tenemos que enchufarlos o conectarlos para que pueda funcionar el sistema.

Ahora, ha llegado el momento de descubrir por qué los rayos X se llaman de este modo. Cuando en el colegio nos adentramos por vez primera en el campo de las matemáticas y empezamos a resolver ecuaciones, a la incógnita la llamamos siempre de «x». Esta letra es la elegida de forma general para nombrar lo que no conocemos. Cuando Röntgen descubre los famosos rayos, al principio no tiene ni idea de su naturaleza. No sabe lo que es y adopta el criterio habitual en estos casos: comunica que ha descubierto unos rayos de naturaleza desconocida, unos rayos «x».

El nombre parece que tuvo éxito y ha llegado hasta nuestros días. Así, cuando vamos a que nos hagan una radiografía, decimos que nos han dado «rayos X». Pero, afortunadamente, a día de hoy conocemos perfectamente la naturaleza de esos misteriosos rayos.

Los rayos X fueron uno de los primeros descubrimientos que sentaron la base para la radiactividad y uno de los primeros grandes avances del nuevo campo de la física que estaba comenzando a nacer. Además, su descubrimiento tuvo su reconocimiento. En el año 1901, la Real Academia Sueca de Ciencias otorgó el Premio Nobel —que había sido creado pocos años antes— a Wilhelm Röntgen, por su descubrimiento de y las fantásticas aplicaciones que estos estaban teniendo y tendrían. En aquella época este reconocimiento no era todavía tan conocido como actualmente. Pero resulta muy interesante que el primer Premio Nobel de Física fuera para un trabajo en radiactividad, aunque no sería el último, como veremos más adelante.

En el centro de Europa, desde hacía muchos años se conocía un mineral muy bonito de tonos dorados en su superficie que resultaba fascinante, compuesto de uranio. De hecho, desde prácticamente el siglo xv, se observaba que los mineros de la zona padecían extrañas enfermedades, las cuales reducían notablemente su esperanza de vida y su muerte solía llegar de manera muy repentina. El mineral en cuestión era la pechblenda, bastante común y explotado desde hacía mucho tiempo. Con sales de este material tan peculiar trabajaba el físico Henri Becquerel, que realizaba experimentos para estudiar sus propiedades. Una vez más, la casualidad quiso que, casi sin proponérselo, lograra un hallazgo que abriría nuevas puertas y se sumaría a la estela de los rayos descubiertos poco antes por Röntgen. Henri Becquerel (Francia, 1852–1908) era un físico ya con cierto prestigio, aunque, en realidad, era ingeniero, no físico. Resulta gracioso porque siempre se le ha considerado físico, pero durante muchos años fue ingeniero en el departamento de puentes y carreteras, incluso fue ascendido a ingeniero jefe en 1894. Sin embargo, en 1895, fue

Henri Becquerel ganador del Premio Nobel de Física en 1903.

ascendido a director del departamento de Física en la Escuela Politécnica de París.

¿Cuándo se hace oficial el descubrimiento de la radiactividad natural? Becquerel presenta su hallazgo el 24 de febrero de 1896 a la Academia de Ciencias en una de sus sesiones regulares. Por tanto, podríamos decir que ese fue el año oficial del nacimiento de la radiactividad —ya han pasado 130 años desde aquella fecha—. Aunque cabe destacar que, en realidad, Becquerel no llamaba a la radiactividad así, fue Marie Curie quien le dio el nombre.

Curiosamente, la radiación descubierta por Becquerel no causó un gran impacto en la sociedad. Los rayos X de Röntgen eran mucho más populares porque las imágenes que eran capaces de generar eran mucho más nítidas y más bonitas. Habría que esperar a que se descubriera que otro elemento, en este caso el torio, también tenía características radiactivas. Los siguientes descubrimientos, como veremos más adelante, de los elementos radio y polonio por parte de Marie Curie y de Pierre Curie terminaron de lanzar a la fama el nuevo fenómeno de la radiactividad.

Becquerel descubrió también las partículas beta y, además, hizo una observación que hoy nos parece evidente, pero que entonces no lo era en absoluto: comprobó que una muestra de radio sintetizada por Marie Curie provocaba quemaduras en la piel. Aquel efecto, aparentemente sencillo, marcó el inicio de las aplicaciones médicas de la radiactividad, que trataremos con más detalle en otro capítulo.

A finales del siglo XIX, Becquerel estaba dando pasos gigantes en el estudio del nuevo fenómeno de la radiactividad. Se podría decir que era el hombre apropiado y estaba en el momento oportuno. En ese momento, era director del Museo de Historia Natural de París y, por lo tanto, tenía acceso a muchos materiales. Entre ellos, se encontraban varios minerales que tenían la propiedad de la luminiscencia, los cuales habían sido recogidos y organizados por su padre. Y es que Henri procedía de una familia eminente de científicos, con lo que podríamos decir que la ciencia le venía de serie. Becquerel estaba centrado en experimentar con minerales fluorescentes y es que, como ya hemos visto, en su época los fenómenos como la fluorescencia y la fosforescencia estaban en el punto de mira de muchos científicos.

Entre todos los minerales de la colección, había un tipo que captó la atención del director, los minerales de uranio. No se trataba de un mineral desconocido en la época. Ya en 1789, el año de la Revolución francesa, se le dio nombre en honor a un planeta que se acababa de descubrir, Urano. Como ya habíamos visto, era muy común en las minas de Europa central y se usaba para dar color a ciertos materiales, pero no tenía nada demasiado especial —al menos, nada que se supiera en ese momento—. Lo que no sabían los científicos es que este mineral iba a cambiar el curso no solo de la historia de la física, sino de la ciencia y de la humanidad.

El uranio es un elemento muy pesado, de los más pesados de la tabla periódica, y Henri Becquerel pensaba que este tipo de elementos podrían ser adecuados en el estudio de los rayos X que había descubierto Röntgen años antes. Además, había algo diferente en este mineral que captó su atención mientras trabajaba en un proyecto innovador: la fotografía. En esta época, esta era casi más un arte que una ciencia. Se empleaban placas de cristal cubiertas con una sustancia sensible a la luz —nada que ver con los dispositivos que tenemos ahora—. Becquerel había decidido usar minerales de uranio expuestos a la luz del Sol para crear florescencia en las placas fotográficas cubiertas con papel oscuro. De este modo, los rayos X que se generaban creaban una imagen. Hasta aquí nada sorprendente, los resultados eran los esperados. Pero en este momento es donde aparece, como en muchas otras ocasiones en ciencia, el azar.

Un día nublado, Becquerel llevaba a cabo sus experimentos con el uranio y las placas fotográficas sin mucha suerte —recordemos que su hipótesis requería que la luz del Sol produjera rayos X al chocar con el uranio—, así que decidió dejar en un cajón de su laboratorio todo el material para usarlo en otro momento. Al cabo de unos días, Becquerel decidió revelar las placas fotográficas que habían estado en absoluta oscuridad y el resultado fue totalmente inesperado: había una imagen muy clara del mineral de uranio, como ocurría cuando usaba la luz del Sol. Pero si la fluorescencia y la fosforescencia necesitan que algo active al material para que se produzca luz y, en este caso, no la había habido porque todo había estado guardado en absoluta oscuridad, ¿qué estaba ocurriendo aquí? Como buen científico, Becquerel volvió a repetir el experimento y seguía obteniendo el mismo resultado. En ausencia de luz, se generaba una imagen del mineral en la placa fotográfica.

Era algo totalmente nuevo y desconcertante. Becquerel necesitaba darle una explicación. Llevó a cabo más repeticiones durante semanas y siempre obtenía el mismo resultado, incluso con minerales de uranio que no eran fosforescentes. La explicación estaba clara: el mineral de uranio debía de tener alguna propiedad que hiciera posible la emisión de rayos. Experimentó con el estado del mineral de todas las maneras que se le ocurrió: lo rompió en pedazos y lo disolvió, pero nada, los rayos seguían emitiéndose y, en algunas ocasiones, con mucha más intensidad que al principio. Aunque él no le daba especial importancia, pensaba que debía deberse a algo relacionado con la fluorescencia. Incluso llegó a observar que estos rayos ionizaban el aire y atravesaban muchos materiales. Luego veremos por qué sucedía eso, pero el físico en aquel momento no tenía la menor idea de la razón.

Los rayos invisibles de Becquerel no captaron mucho interés por parte de la comunidad científica de aquellos años. Röntgen y sus rayos X acaparaban toda la atención pública. Aunque esto pronto cambiaría gracias al trabajo de una joven muchacha polaca que acababa de llegar al París con unas ganas enormes de estudiar ciencia, Maria Salomea Skłodowska —más conocida hoy con el nombre de Marie Curie—. Resulta complicado resumir en unos pocos párrafos la vida y la obra de Marie Curie. Además, no es el propósito de este libro, aunque dedicaremos un capítulo a hablar de la familia Curie porque son un elemento clave para poder entender la historia y la evolución de la radiactividad.

A pesar de la poca atención que habían despertado los rayos invisibles de Becquerel, estos no van a pasar desapercibidos para Marie. En parte esto fue debido a que prácticamente al mismo tiempo que Becquerel estaba haciendo sus experimentos con las placas fotográficas y los rayos que procedían del uranio, una joven Marie Curie estaba terminando sus estudios de física en la Sorbona y va a elegir, precisamente como tema de su tesis, profundizar en el nuevo campo que se abría con los trabajos de Becquerel.

Becquerel había teorizado que sus rayos debían ser una propiedad del átomo del elemento uranio Además, había observado que los rayos ionizaban el aire, en otras palabras, eran capaces de generar una corriente eléctrica. Marie Curie pensó que, si fuera posible medir la corriente que generan los rayos, se podría saber cuándo se generan más rayos o menos. Pero para poder hacer esto, necesitaba un instrumento que fuera lo suficientemente sensible para medir esas pequeñas corrientes. Ahí es cuando entra en escena su profesor, Pierre, que por aquel entonces había diseñado un instrumento que permitía hacer precisamente eso. Marie convirtió este estudio en su trabajo de tesis doctoral. Su procedimiento era metódico, anotaba todo lo que ocurría de manera disciplinada para después analizarlo, procesar los datos obtenidos —es decir, el método científico en toda su esencia—. A lo largo del proceso, detecta que da igual qué forma tenga el uranio (en sal, polvo o disuelto), la forma química es irrelevante, lo que importa para que se generen rayos es la cantidad de uranio que tenga la muestra. Enseguida deduce que a más uranio, más rayos y más corriente se genera. Sin darse cuenta, Marie estaba empezando a observar la estructura más interna de la materia, los propios átomos. Comienza a cuantificarlo y no se detiene en el uranio, comienza a estudiar el resto de elementos conocidos para ver si también son capaces de emitir rayos. Y solamente es capaz de apreciar un comportamiento similar en las sustancias que contienen otro elemento conocido en la época, el torio.

Entre abril y julio de 1898, cambiaría la historia de la física y de la ciencia. Marie Curie empieza a recibir muestras de material bruto de tierras del centro de Europa que eran muy ricas en el mineral pechblenda. Analiza muestras de esos materiales, algunas impuras, y observa que curiosamente emiten rayos también, pero de una intensidad mucho mayor que la de los rayos del uranio. Pero claro, las muestras tienen muchas impurezas y Marie había determinado que solamente el uranio y el torio eran capaces de emitir rayos. De todos los elementos «conocidos», solo esos dos emitían los misteriosos rayos de Becquerel. ¿Por qué entonces en el material lleno de impurezas se observaban rayos mucho más intensos? La respuesta era evidente: algo debía haber en esos materiales que era desconocido y emitía los rayos.

A través de técnicas clásicas de separación química, Marie Curie se embarca en la tarea titánica de poder sintetizar dicho elemento, la cual se convertiría en parte del trabajo del resto de su vida. Trabajaba con toneladas de minerales que contenían impurezas y las separaba para poder detectar ese elemento desconocido. Por primera vez y sin ni siquiera saberlo, Marie Curie estaba comenzando a emplear técnicas radioquímicas de separación de elementos. Para este trabajo titánico contó con la ayuda de su marido, el profesor Pierre. Disolvieron toneladas de minerales y concentraron el material cada vez más y más. Con ayuda de los instrumentos de Pierre, midieron la radiactividad hasta que, en julio de 1898 —más de 100 años después de la Revolución francesa—, Marie y su marido presentaron en la Academia de Ciencias de Francia un artículo en el que describían un nuevo elemento químico que emite rayos como el uranio, pero mucho más intensos. Además, explican en detalle la técnica empleada en el descubrimiento del nuevo elemento al que llamaron polonio. Abrían así las puertas de una nueva ciencia, la radiactividad.

3

PIONEROS RADIACTIVOS

Los primeros años después del descubrimiento de la radiactividad fueron apasionantes. El principio del siglo xx estuvo lleno de descubrimientos y también de temeridades. En los primeros capítulos hemos estado hablando de los grandes nombres asociados con la radiactividad: Willem Röntgen, Henri Becquerel, Marie y Pierre Curie. Sin embargo, al albor del nuevo fenómeno de la radiactividad, otros muchos nombres —a menudo desconocidos para la mayoría del público— fueron igualmente relevantes en el desarrollo de las diferentes teorías que contribuyeron a explicar el nuevo fenómeno. Algunas de las personas a las que vamos a referirnos son, por ejemplo, Frederick Soddy, Harriet Brooks, William Ramsay y, cómo no, Ernst Rutherford. Fue un grupo de pioneros radiactivos que tomaron el punto de partida de Marie Curie y su descubrimiento del radio y del polonio, y se preguntaron: ¿ahora qué? ¿Cómo podemos explicar este fenómeno descubierto por esta joven estudiante de doctorado en París y por el eminente Henri Becquerel? ¿Qué está ocurriendo dentro de la materia?

Si nos ponemos en contexto, estamos en una época en la que hasta la propia existencia del átomo era algo que estaba siendo discutido. No era un concepto que se aceptara fácilmente, por lo que se pueden imaginar lo bien que estaba siendo recibido el hecho de que desde dentro de la materia, casi como de la nada, salieran rayos que eran capaces de penetrar en las sustancias y además de generar propiedades en el aire que incluso se podían medir. La estrella de las noticias y del momento eran los rayos X descubiertos por Röntgen hace ya bastante tiempo. Los de Becquerel no atraían la atención del gran público y tampoco la de la comunidad científica. Esta diferencia siguió aumentando con el descubrimiento realizado por el físico francés Georges Sagnac, quien había descubierto que los rayos X eran capaces de generar incluso más rayos. X. Esto trajo consigo otra pregunta especialmente relevante para entender el fenómeno de la radiactividad: ¿cómo producimos la radiación? ¿Es posible hacer esto? Aparentemente, lo era. Pero, entonces, si para poder producir algo, siempre se necesita energía. ¿De dónde sacamos esta energía?

Tomemos el ejemplo de los rayos X, parece claro dónde se encuentra la fuente de la energía que genera los rayos. Los equipos de rayos X solo pueden funcionar mientras están conectados a la electricidad. Eso era algo conocido desde que Röntgen hizo su famoso descubrimiento. El problema estaba en el caso de los rayos que procedían del uranio, puesto que no había, aparentemente, ninguna fuente de energía que fuera capaz de producir los rayos que había descubierto Becquerel. No olvidemos que el su descubrimiento se había hecho prácticamente por casualidad durante un día nublado en París.

De este modo estamos ante una de las situaciones que tanto nos gusta a los físicos: descubrir el motivo por el que suceden las cosas para entender mejor los fenómenos. Marie Curie y su marido Pierre no eran en absoluto ajenos a este dilema y una de sus primeras hipótesis fue pensar que la energía que generaba los rayos de Becquerel podía proceder de la mayor fuente de energía que tenemos en nuestro planeta, nuestro Sol. ¿Cuál era su hipótesis? Según Marie Curie, si efectivamente la fuente de energía que produce los rayos de Becquerel procede del Sol, entonces sería posible determinar variaciones en los rayos haciendo un experimento muy sencillo: comprobar si los rayos son los mismos de noche que de día. Para hacer esta comprobación, Marie Curie midió con instrumentos diseñados por Pierre la intensidad de los rayos que procedían del uranio en dos situaciones: en ausencia de luz y con luz solar, de noche y de día. Si su hipótesis era correcta, sería capaz de medir diferencias en la intensidad de los rayos y de este modo poder atribuir al Sol la fuente de energía que era capaz de generar la radiactividad que producía los rayos de Becquerel. Sin embargo, la intensidad de los rayos no cambiaba nunca. Daba igual medir de día que de noche porque intensidad se mantenía. De modo que la hipótesis del Sol como fuente de energía no podía ser aceptada como válida. Los científicos seguían sin poder averiguar de dónde provenía esa misteriosa energía que generaba la radiactividad. Y es en este punto donde entra en juego una rama de la física que es tremendamente respetada por todos los físicos: la termodinámica.

La termodinámica había experimentado un avance enorme en los siglos XVIII y XIX. Para cuando se descubrió la radiactividad, era ya una de las ramas más sólidas de la física, y sus tres principios estaban bien establecidos. En cierto modo, estos principios funcionan como un criterio de validez para el resto de teorías: si un nuevo fenómeno parece contradecir alguno de ellos, no basta con descartarlo sin más. Es necesario investigar qué sucede, porque se trata de leyes tan firmes que, si parecen incumplirse, lo razonable es pensar que falta una explicación —y, desde luego, una explicación a su altura—.

En el caso de la radiactividad, comenzó a sospecharse que existía una incongruencia, pues, al menos en apariencia, se vulneraba uno de los principios de la termodinámica: el de la conservación de la energía, que suele formularse de manera popular como «la energía ni se crea ni se destruye, solo se transforma». El problema era que no se lograba determinar el origen de la energía asociada a los rayos de Becquerel; en otras palabras, parecía manifestarse sin una fuente identificable. De hecho, recuerdo que, mi profesor de Física Estadística en la Universidad de Valladolid insistía en la necesidad de extremar la cautela cuando un fenómeno parece contradecir un principio termodinámico: en tales casos, lo que falla no es la naturaleza —que no se equivoca—, sino nuestras teorías, es decir, el marco explicativo con el que intentamos interpretarla.

De este modo, se encontraban ante una situación paradójica: el nuevo fenómeno de la radiactividad parecía vulnerar el primer principio de la termodinámica. No ocurría lo mismo con los rayos X, cuya fuente de energía era clara y no planteaban ninguna contradicción. ¿Qué ocurría entonces con los rayos de Becquerel, con esa radiactividad que surgía de la nada? Aquí va a ser donde entrarán en escena esos otros pioneros, capaces de aportar muchas ideas decisivas para poder comprender y explicar el fenómeno de la radiactividad.

Los físicos de la época se embarcaron en la tarea de dar explicación al nuevo fenómeno. Recuerden que, a finales del siglo XIX, intentar entender qué pasaba dentro de la materia era algo muy complicado. De hecho, se dudaba de la propia existencia del átomo. Aunque se hubiera postulado una partícula como el electrón, todavía se trataba de una idea meramente teórica, sin confirmación experimental clara. En ese contexto, pensar que el átomo podía estar compuesto por partes —y, por tanto, ser divisible— era poco menos que inconcebible: casi nadie lo cuestionaba y se lo consideraba indivisible por definición. De manera que toda la familia de partículas a las que estamos acostumbrados ahora en el siglo XXI era algo que nadie se podía imaginar siquiera qué podría existir.

Es por ello que es importante el ponernos en la piel de los científicos del siglo XIX y principios del XX para poder entender la historia del nuevo fenómeno. Para ello, nada mejor que recordar algunos nombres que son menos conocidos, pero no por ello menos importantes, que contribuyeron de una forma u otra en explicar la radiactividad: Julius Elster, Hans Geitel, J. J. Thomson, Emil Wiechert, Walter Kaufmann, Friedrich Giesel, Stefan Meyer, Egon Ritter von Schweidler, Jean Perrin, Friedrich Ernst Dorn, entre otros.

La incógnita que había que resolver era muy simple: ¿de dónde procedía la radiactividad y la energía misteriosa de los rayos de Becquerel? ¿Cuál era la naturaleza de estos rayos? ¿Son diferentes los rayos de Becquerel de los de Röntgen? A pesar de su sencillez, eran cuestiones que traían a los físicos de cabeza. Y, en medio de tantas preguntas, surgió un pequeño descubrimiento que a menudo pasa desapercibido cuando se cuenta la historia de la radiactividad.

En el año 1899, uno de los nombres que hemos citado, Friedrich Giesel, trabajaba con polonio cuando advirtió que su actividad medible no era constante, sino que disminuía con el tiempo. La radiactividad, por tanto, no se mantenía inalterable: variaba, y, para complicar aún más las cosas, parecía incluso apagarse progresivamente hasta desaparecer. Mientras tanto, en Europa, se estaban llevando a cabo investigaciones que darían lugar a una polémica tan interesante como reveladora sobre la autoría del descubrimiento de un elemento presente en nuestras vidas y asociado a una patología tan grave como el cáncer de pulmón. Hablamos de Harriet T. Brooks y su profesor Ernest Rutherford, quienes descubrieron el gas radón. Un año más tarde, Friedrich Ernst Dorn descubrió mientras trabajaba con el elemento radio una emanación que tenía carácter radiactivo. Rutherford y Brooks, por su cuenta, estaban trabajando con el torio, del cual percibieron que emanaba también radiactividad. ¿Por qué Rutherford no trabaja con radio, pero sí con torio? Aquí va a entrar en escena otro de esos nombres muchas veces desconocidos para el gran público, aunque no tanto para los más cercanos al campo de la radiactividad, Frederick Soddy, al que nos vamos a referir en unos instantes.

Nos encontramos en esa situación en la que es necesario averiguar de dónde procede la actividad del uranio o incluso la del torio porque aparentemente se está violando un principio de la termodinámica y hemos visto que eso es algo que los físicos no pueden aceptar. Al otro lado del Atlántico, Rutherford estaba haciendo estudios en relación con el curioso fenómeno de la radiactividad, pero en lugar de emplear radio, estaba usando torio. ¿Cuál era el motivo? Muy simple, la facilidad para conseguir muestras de este último. Las muestras de radio eran más complicadas de obtener. No olvidemos que el radio acababa de ser descubierto por Marie Curie y todavía no se había comenzado a producir de forma comercial.

Mientras estudiaba el torio, Rutherford observó la presencia de una cierta «emanación» y llegó incluso a determinar su vida media. Además, comprobó que aquella emanación era también radiactiva. Resultaba imprescindible, por tanto, averiguar su naturaleza: ¿y si se trataba de un nuevo elemento químico? En aquellos años, los descubrimientos se sucedían con tal frecuencia que la idea no parecía en absoluto descabellada. De hecho, Rutherford no iba del todo desencaminado, aunque al principio ni siquiera podía imaginarlo.

Y, puesto que la cuestión apuntaba al posible hallazgo de un nuevo elemento, necesitaba la ayuda de un químico. No le servía cualquiera: debía ser alguien audaz, dispuesto a explorar territorios desconocidos, lo que hoy llamaríamos «salir de la zona de confort». Y encontró ese perfil en Frederick Soddy, un químico (Reino Unido, 1877-1956), quien obtuvo el Premio Nobel de Química en 1921 por el descubrimiento de los isótopos radiactivos. En la época en la que Rutherford estaba estudiando el torio, casualmente ambos científicos se encontraban en la Universidad McGill de Montreal, Canadá. Normalmente no suele aparecer entre los grandes nombres que descubrieron

Ernest Rutherford descubrió junto con Harriet Brooks el gas radón.

la radiactividad, pero sus aportaciones fueron tremendamente relevantes en el desarrollo de la teoría. Entre otras aportaciones, en el año 1913 formuló el concepto de isótopo, que es una de las claves para poder entender cómo funciona un elemento radiactivo.

Para estudiar la emanación del torio, Soddy comenzó a probar su reactividad con diversas sustancias conocidas, un procedimiento habitual en química. Sin embargo, pronto comprobó que aquella misteriosa sustancia permanecía inalterable. Rutherford, por su parte, sospechaba que la actividad del torio se debía a algún tipo de impureza, como ya habían sugerido otros investigadores; de ahí la importancia de contar con un químico en el equipo. Pero, por más ensayos que se realizaban, la supuesta emanación no reaccionaba con ninguno de los reactivos disponibles.

Además, otros elementos del mismo grupo que el torio no mostraban ese comportamiento, lo que aumentaba todavía más el desconcierto. Al fin y al cabo, los elementos de un mismo grupo de la tabla periódica deberían compartir propiedades químicas similares y, sin embargo, el torio parecía actuar como si fuese una excepción.

Había dos posibles explicaciones para ese gas que salía del torio: al ser inerte, parecía que el gas era radiactivo per se o volvía radiactivo el aire con el que interactuaba al emanar del torio. Es clave recordar que en este momento Rutherford y Soddy estaban trabajando con torio, no con radio, de modo que en ese momento no podían estar observando el isótopo más común del radón, el ^{222}Rn.

En Francia, Marie Curie y su marido Pierre continuaban investigando las nuevas sustancias que habían descubierto y, en el proceso, obtuvieron un resultado muy sugerente, que añade todavía más matices al debate sobre quién fue realmente el primero en descubrir el radón. En su laboratorio, mientras estudiaban las emanaciones del radio —no del torio como Rutherford y Soddy—, comprobaron que se trataba de un gas. Más adelante hablaremos del detallado trabajo de Marie Curie, pero podemos adelantar un rasgo característico: le gustaba medirlo todo. Y, como era de esperar, en el caso de aquella emanación gaseosa, determinó también su vida media. El valor obtenido fue de unos cuatro días. Curiosamente, la vida media real del radón —en su isótopo más común, el ^{222}Rn— es de aproximadamente 3,8 días.

En contra de lo esperado, Marie Curie no pensaba que se trata de otro elemento nuevo, sino que creía que se trataba de un gas con un decaimiento del tipo radiactivo, en vez de un elemento nuevo. Lo curioso es que tanto Rutherford y Soddy como Marie y Pierre estaban estudiando isótopos diferentes de un mismo gas. Pero muy pronto esto va a cambiar, puesto que, tanto Soddy como Rutherford adquieren entre los dos aproximadamente unos 50 miligramos de bromuro de radio purificado de una nueva empresa. El dueño de esta es una de las figuras que hemos citado antes, Friedrich Giesel. Mientras Rutherford y Soddy investigaban de dónde procede esa actividad del gas que emana del torio, surge un concepto del que la mayoría de los científicos no querían oír hablar: la transmutación —seguro que les suena el término—. En la Edad Media, los alquimistas lo empleaban para referirse al supuesto proceso por el cual aspiraban a transformar metales comunes en oro u otros metales preciosos. Para ello, montaban laboratorios rudimentarios con los recursos de su tiempo, envueltos en un aura de misterio y, a menudo, de misticismo.

A finales del siglo XIX, el racionalismo científico veía la alquimia como una práctica ajena a la ciencia. Por eso, invocar la transmutación para explicar la radiactividad —y, en concreto, la emisión del torio— era poco menos que un tabú: nadie en la comunidad científica se tomaría en serio a quien recurriera a una idea con ecos tan esotéricos. Mucho menos alguien del prestigio de Rutherford, que tenía su reputación en juego y no estaba dispuesto a apoyar una explicación que sonara a alquimia para justificar un fenómeno nuevo y profundamente real. Sin embargo, Soddy pensaba de forma diferente y comenzó a considerar que quizá la alquimia no era algo tan esotérico y sí que podía tener algo que ver con lo que estaban observando en la extraña emanación del torio.

En lo que Rutherford y Soddy sí estaban de acuerdo era en que el fenómeno de la radiactividad debía ser una consecuencia de algún cambio químico que se sucedía a nivel atómico. Tras adquirir muestras de bromuro de radio, Rutherford y Soddy comenzaron a purificarlas y observaron que, durante el proceso, también se desprendía un gas. Al analizar con detalle su espectro, identificaron helio. En otras palabras, estaba apareciendo un gas que no era radio, sino helio. Algo no cuadraba, por lo que pidieron ayuda a un colega, John Norman Collie, para estudiar con más detalle el espectro. Ese análisis reveló, además, unas líneas que no correspondían a ninguno de los elementos. Es decir, la emanación del radio no solo emanaba helio, sino también una sustancia nueva, que no se había observado nunca. Este nuevo elemento va a recibir el nombre de gas radón.

La acción que Rutherford y Soddy habían observado, medido y analizado no era ni más ni menos que una transmutación. Se acababa de observar científicamente que la transmutación de los elementos es posible, puesto que de un elemento químico había surgido otro elemento químico totalmente diferente. La idea de los antiguos alquimistas se había demostrado de forma experimental. Hasta la propia Marie Curie, totalmente reacia a la idea de la transmutación, tuvo que retractarse y aceptar que este fenómeno era posible. El impacto de este descubrimiento fue enorme en la época. Traspasó fronteras, copó todas las portadas de los periódicos y monopolizó conversaciones. Su impacto hizo que, por fin, la radiactividad pasara a estar en primera página y acaparara más atención que los rayos X. Supuso un antes y un después en la historia, y en el desarrollo de la radiactividad. Una auténtica explosión se desencadenaría no solo en producción científica, sino también en la divulgación y en las aplicaciones del nuevo fenómeno.

Se funda la revista *Le radium* y otras publicaciones científicas dedicadas exclusivamente a tratar temas de radiactividad. Incluso comienzan a publicarse libros de texto para enseñar en las universidades los fundamentos del nuevo fenómeno. No olvidemos que no habían pasado ni siquiera 20 años desde que

Henri Becquerel hubiera descubierto las emisiones del uranio y menos de 10 años desde que Marie Curie descubriera los nuevos elementos radiactivos polonio y radio. Desde la perspectiva actual, en la que las noticias se difunden a la velocidad de la luz (nunca mejor dicho), parece normal que los descubrimientos científicos se propaguen de forma tan rápida, pero en aquella época era todo un reto. No había ni siquiera ordenadores y el teléfono era algo prácticamente inexistente. Marconi había conseguido hacer las primeras transmisiones mediante telégrafo tan solo unos años antes. Viajar era muy largo y costoso. Se cruzaba el Atlántico en barco y la comunicación entre los científicos se realizaba mediante cartas impresas y por correo ordinario.

Tanta fue la difusión que tuvo el descubrimiento, que incluso traspasó las fronteras del mundo occidental hasta llegar a otro de las figuras que marcarían el rumbo de la radiactividad, el físico Hantaro Nagaoka (Japón, 1865–1950). Casualidades de la vida hicieron que naciera en Nagasaki, la ciudad que menos de 100 años después sería azotada por la explosión de la segunda bomba atómica arrojada sobre población civil. Nagaoka hizo muchas aportaciones a la física de su época y estuvo en contacto con los grandes nombres occidentales que estaban llevando a cabo los desarrollos. Su interés por la radiactividad se despierta en el año 1900 cuando asiste al primer congreso internacional de física celebrado en París, donde tiene la oportunidad de conocer a científicos como Marie Curie, entre otros.

Tremendamente desconocido para el público fuera de Japón, Nagaoka propuso también un modelo atómico que se denominó modelo saturniano del átomo. Este tuvo poco recorrido, pero permitió hacer algunas predicciones como, por ejemplo, la carga del núcleo es la misma que la del protón. Esta predicción no se quedaría muy lejos del valor real de dicha carga. El modelo de Nagaoka surge como respuesta al modelo de Thomson, del que hemos hablado en otro capítulo. Al japonés no le terminaba de convencer la idea de que las cargas negativas, los electrones, estuvieran pegados como pasas a un pastel. De manera que, en 1903, propone su modelo alternativo usando como ejemplo Saturno y sus satélites y anillos. Su idea es que el núcleo del átomo es similar a Saturno, con casi toda la masa concentrada en dicho núcleo, y los electrones estarían girando a su alrededor unidos por fuerzas electroestáticas.

¿Y cuál es entonces la relación de este modelo con la radiactividad? La tenemos que buscar en la desintegración beta la cual es esencialmente una emisión de electrones. Según Nagaoka y aplicando su modelo, la inestabilidad en las órbitas de los electrones sería responsable de la emisión y, por lo tanto, de la desintegración beta. Pero, si se seguía esta teoría, había un problema que iba contra la esencia misma de la radiactividad, que es su carácter estocástico o probabilístico. Si la inestabilidad de las órbitas de los electrones generaba las emisiones, entonces no se podía tratar de un fenómeno que dependa de la probabilidad. Y el modelo de Nagaoka tampoco era capaz de explicar las emisiones de las partículas alfa como en el caso del radio o del torio. No obstante, aunque se trata de un modelo que tuvo poco recorrido —quizá este sea el motivo por el que el modelo normalmente no se estudia en las universidades y es muy desconocido—, Nagaoka fue tenido muy en cuenta por las grandes figuras de física de la época, como el propio Rutherford, que incluso le cita en alguno de sus artículos.

Hasta este momento hemos hablado de los pioneros radiactivos, personas que en un periodo de tiempo muy corto realizaron aportaciones impresionantes para el desarrollo de ese nuevo fenómeno. Sin embargo, hubo otros nombres que también merecen tener un espacio como pioneros radioactivos, aunque no se trate de personas: las revistas *Le Radium* y *Jahrbuch der Radioactivität und Elektrönika*. La primera se publicó por primera vez en 1904 en Francia y tuvo un recorrido relativamente corto: su último número salió a la luz en diciembre de 1919,

Portada de *Le Radium* en la que se muestra una foto del matrimonio Curie junto con quien se cree que es Becquerel.

tras un paréntesis en sus publicaciones durante el periodo de la I Guerra Mundial (1914–1918) y a esto se le añade que todos sus artículos están escritos en francés.

Buceando en los archivos que se conservan de la revista, se encuentran detalles realmente curiosos. Por ejemplo, en los primeros números se comienza a hablar de materiales radiactivos y, en el número de marzo de 1904, apenas unos meses después de su aparición, aparecen también referencias a las aplicaciones del fenómeno. Una de las más evidentes desde el comienzo fue la medicina. Pero no fue la única: otros artículos también exploraban usos tan llamativos como la producción de ozono, la obtención de helio e incluso la propuesta de nuevos patrones de referencia para determinadas magnitudes del sistema métrico internacional, como los segundos. También daban instrucciones sobre cómo averiguar si un diamante era falso o verdadero atendiendo a sus propiedades radiactivas, la posibilidad de colorear piedras preciosas, la producción de sales de radio, etc. En su último número, aparecen una serie de artículos interesantes, como, por ejemplo: la interpretación del experimento de Michelson, los rayos alfa, el concepto de energía libre o la hipótesis de Nernst.

El otro pionero radiactivo mencionado fue la revista alemana *Jahrbuch der Radioactivität und Elektrönika* (1904–1924), la cual, a diferencia de la francesa, no se toma un descanso durante la I Guerra Mundial, llegando a publicar 20 números. Entre sus autores se encuentran grandes nombres de la física de principios del siglo xx: Svante August Arrhenius, Marie Curie, Friedrich Giesel, Hendrik Antoon Lorentz, Ernest Rutherford, Frederick Soddy, Wilhelm Wien, Henri Becquerel, William Ramsay y muchos otros nombres ilustres. El primer número fue inaugurado con un artículo firmado por Johannes Stark sobre las leyes y las constantes de las transformaciones radiactivas. Otros de temas tratados en él fueron la fluorescencia, el polonio, las emanaciones del actinio o del radio, el uso de sustancias radiactivas como minerales y algunas aguas con carácter radiactivo, etc. Veinte años más tarde, en el último número de la revista, aparecía Niels Bohr con un artículo sobre la teoría cuántica de las líneas espectrales, así como Max von Laue, que aportaba una contribución acerca de una teoría nueva que estaba despertando un enorme interés: la relatividad, propuesta por un joven físico alemán llamado Albert Einstein.

La revisión de los artículos de estas dos revistas pioneras radiactivas permite hacer una reflexión muy interesante: a principios del siglo xx, los científicos publicaban exactamente igual a como se hace ahora, pero su trabajo tiene incluso más mérito si consideramos las circunstancias. Estamos hablando de una época en la que no había los medios que tenemos actualmente y los artículos se escribían mecanografiados, se enviaban por correo postal ordinario y había que esperar meses para tener respuesta de los revisores. Un proceso que requería tiempo, pero que refleja el trabajo constante y meticuloso de esos primeros pioneros radiactivos que en poco más de una década fueron capaces de desarrollar toda una teoría que explicaría el fenómeno de la radiactividad y pondría un poco patas arriba los cimientos de la física clásica que estaba perfectamente establecida.

Finalmente, a modo de curiosidad, añadir que en el volumen 4 de 1907 de la revista alemana, un joven Albert Einstein publica un artículo titulado *Über das Relativitätsprinzip und die aus demselben gezogenen Folgerungen* (Sobre el principio de relatividad y las conclusiones que se derivan de él). El físico alemán estaba sentando las bases de otro avance en física que iba a suponer una auténtica revolución.

4

UNA FAMILIA DE NOBEL

La historia que contamos a continuación es totalmente ficticia, pero bien pudo haber ocurrido. Una noche de invierno en París, en casa de los Curie, nos encontramos sentadas a la mesa a las hijas de la pareja, Irène y Ève. Disfrutan de una cena al calor de la chimenea que crea un ambiente acogedor y agradable. Han pasado ya muchos años desde la trágica muerte de Pierre que marcaría a toda la familia y unos pocos desde la de su madre, a consecuencia de una leucemia posiblemente relacionada con su trabajo con la radiactividad. Marie había destacado por su tenacidad en todo lo relacionado con su trabajo —prueba de ello fue su perseverancia en la investigación, incluso tras la muerte de su marido—, virtud que la llevó a obtener un Premio Nobel y que transmitió a sus hijas. Pero ¿de qué estarán hablando las dos hermanas? Ève, que se ha dedicado a la escritura, reconoce sentirse un poco diferente porque es la única de la familia que no ha recibido un Nobel. Su madre había obtenido dos, su padre uno y su hermana junto con su marido otro. A esto, Irène le responde que no es necesario ser premio nobel para ser reconocido y ambas se ríen cuando Ève insiste en ser la oveja negra de una familia en la que era, prácticamente, un requisito haber sido galardonado por la academia sueca. Y es que los Curie pusieron patas arriba los cimientos de la física de finales de XIX con el descubrimiento de dos elementos químicos.

¿Cómo llega una familia a tener en sus estanterías más diplomas de Premio Nobel que fotografías? Los Curie llegaron a tener sus tres galardones en un intervalo de menos de 40 años.

Empecemos por el principio, su historia comienza con el nacimiento de Pierre en 1859. Procedía de una familia de científicos y, con tan solo 18 años, termina su formación como físico en París. Dos años después adquiere el grado de doctor y comienza a trabajar en fenómenos que estaban en pleno proceso de desarrollo como, por ejemplo, la piezoelectricidad y el magnetismo.

Del lado de Marie, su familia tiene también un cierto prestigio, mucha pasión por la ciencia y un fuerte sentimiento nacionalista polaco. Ese compromiso patriótico en una Polonia ocupada por el Imperio ruso tuvo consecuencias directas: su padre fue degradado y se le impidió ejercer en la universidad. Su madre, además, enfermó a los pocos años de nacer Marie, lo que contribuiría a orientar a la científica hacia el positivismo y abandonar la tradición católica polaca.

Marie fue la menor de cinco hermanos. Sus padres se preocuparon por despertar en todos ellos el interés por el conocimiento. Durante su infancia, Marie comienza a disfrutar de la ciencia y acude a la escuela para mujeres polacas, donde accede a formación científica. Lo hizo, en parte, en secreto: en aquella época, y bajo la ocupación rusa, este tipo de enseñanza estaba vetada para las mujeres. El futuro de Marie parecía ser el de muchas mujeres en aquel entonces: recibir una formación suficiente —pero no excesiva—, casarse y formar una familia. Y, durante un tiempo, todo apuntó en esa dirección. Estuvo a punto estuvo de contraer matrimonio con un joven de clase media acomodada, perteneciente a una familia para la que trabajaba en el servicio. Sin embargo, la familia del joven no estaba dispuesta a aceptar que su hijo se casara con una sirvienta, de modo que esta primera historia de amor terminó pronto para Marie. Aquel episodio, unido a las penurias económicas que atravesaba la familia y su insaciable apetito por la ciencia, resultó decisivo. Un día de otoño del año 1891, Marie tomó la decisión de coger un tren, en el vagón más barato, y viajar hasta París, donde su hermana la esperaba.

Comenzaba así la etapa de Marie en Francia, que la llevaría a convertirse en la científica más relevante de la época. Marie desea estudiar física y matemáticas, e inició su formación en la Sorbona. Ni que decir que tenía todas las papeletas para fracasar en su intento: mujer, extranjera y procedía de un país que ni siquiera existía oficialmente y, además, desenvolverse en un idioma que no dominaba. Sin embargo, el tesón y la pasión acabarían imponiéndose a todas las dificultades.

Dos años después, en julio del 1893, se graduaría en Física, pero su formación académica no terminaría aquí. El verano siguiente, Marie Skłodowska se graduaría en Matemáticas en la Universidad de París, apenas unos meses después de haberse encontrado por primera vez con Pierre. Un amigo del parisino había organizado el encuentro, decidido a presentarle una joven, ya que Pierre no había mostrado mucho interés en estas cuestiones. Pensaba que nunca iba a ser capaz de encontrar a una mujer que compartiera su pasión por la ciencia y comprendiera su naturaleza soñadora. Sin embargo, la conexión —según cuentan las crónicas—, fue inmediata, y el mutuo amor por la ciencia les unió enseguida.

En 1895 Pierre Curie recibió su doctorado en Física y, durante todo un año, intentó convencer a Marie para que se casaran, pero esta no quería ataduras emocionales porque su pasión y su vida era la ciencia. Pasado ese tiempo, parece que la insistencia de Pierre tuvo sus efectos y, el 26 de julio de 1895, se casan en una localidad cercana a París en una sencilla ceremonia civil.

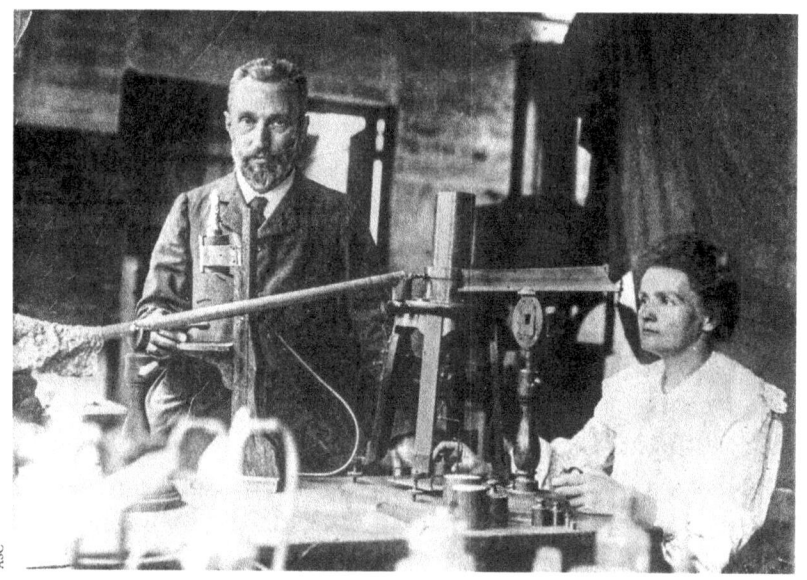

La pareja con la mayor productividad científica de la historia.

Comenzaba su corta vida en común, que lamentablemente, duraría solo 10 años. No obstante, se convertirían en la pareja con la mayor productividad científica de la historia y sus descubrimientos cambiarían para siempre el curso de la ciencia y de la física en particular.

Marie continuó con su formación científica y su trabajo académico y, un año después de su matrimonio, obtuvo la mejor nota en el examen de acceso para ejercer como profesora de Física. Resulta increíble que, con todo el trabajo que estaban desarrollando Marie y Pierre, el 12 de septiembre de 1897 naciera su primera hija, Irène Curie. Apenas unos meses después del nacimiento de Irène, Marie comienza los trabajos de su tesis doctoral.

Los siguientes seis años van a ver un desarrollo auténticamente espectacular. Por ejemplo, en abril de 1898 Marie lleva a cabo descubrimientos realmente interesantes. Primero demuestra experimentalmente que el torio es capaz de emitir también radiaciones como el uranio. Unos meses después, en julio, descubre el nuevo elemento químico polonio y en diciembre de ese mismo año descubre el elemento radio. Y todo esto en unas condiciones de trabajo experimental realmente precarias, pues la Universidad de París no puso a disposición del matrimonio Curie ningún laboratorio para que llevaran a cabo sus experimentos.

Marie obviamente tenía material más que suficiente para poder preparar su tesis doctoral, la cual defiende en junio de 1903, en el mes de junio. Apenas seis meses antes, la Academia de Ciencias de Suecia concede a Marie el Premio Nobel. La concesión de este primer galardón para Marie no estuvo exento de polémica, puesto que en un principio estaba destinado a Henri Becquerel y a Pierre Curie. No obstante, Pierre comunicó a la academia sueca que rechazaría el premio a no ser que se incluyera a su mujer también, ya que ella era la verdadera autora de los descubrimientos. De este modo, por primera vez se concedió el Premio Nobel a una mujer. Pero ni Marie ni Pierre tenían fuerzas para emprender el viaje hasta Estocolmo para recoger el premio. El incansable trabajo de los últimos años los tenía exhaustos. Prácticamente dormían en el «laboratorio», por lo que no podían hacer el viaje. Estamos hablando de principios del siglo xx, un viaje de esas características era complicado, largo y muy cansado. De modo que tienen que posponer la ceremonia hasta junio de 1905, cuando se encuentran con fuerzas para poder viajar y pronunciar la tradicional conferencia que todos los premios nobel imparten al recoger el galardón. Fue un periodo de una actividad frenética para Pierre y Marie. Un dato curioso: en apenas cinco años publican la friolera cifra de 22 artículos científicos. Y en esa época publicar un artículo llevaba muchos meses, de modo que debían de estar trabajando simultáneamente en varios artículos mientras llevaban a cabo sus experimentos, las clases en la universidad y los cuidados de la pequeña Irène. A esto último ayudó mucho el padre de Pierre, que se trasladó a vivir con la pareja después de la muerte de la madre de Pierre. El 6 de diciembre del año siguiente de la entrega del Premio Nobel, nace Ève, la segunda hija de Marie.

El 19 de abril de 1906, Pierre Curie se encuentra caminando por París absorto en sus pensamientos cuando, al cruzar una calle, un carruaje de caballos le atropella y ocasiona su muerte. Marie Curie se queda de repente viuda con una niña de apenas año y medio, y otra de nueve años. La tragedia asoló por completo a Marie. El amor que sentía por Pierre era tan fuerte que pensaba que ya no sería capaz de continuar con su carrera científica. Sin embargo, su pasión fue más fuerte que la desgracia. Recordó unas palabras que Pierre que le había dicho años atrás: si a uno de los dos le ocurría algo, el otro debía continuar con el trabajo. Y así lo hizo. Siete meses más tarde, Marie se convertiría en la primera mujer profesora de la Universidad de Sorbona. Los siguientes años serían muy duros para Marie, no solo por la ingente cantidad de trabajo que llevaba, sino también en el plano personal y emocional.

Tras la muerte de Pierre, se sucedieron momentos terribles. Marie contó con el apoyo de su círculo de amistades y, con el tiempo, comenzó a tener una relación especial con un antiguo estudiante de Pierre, Paul Langevin. Paul estaba casado, pero era tremendamente infeliz en su matrimonio. Entre él y Marie surgió una relación sentimental, hasta el punto de que, para ser discretos, alquilaron un apartamento en París, pero un día la mujer de Langevin encontró unas cartas y se destapó el escándalo. Ante lo ojos de la sociedad, la única culpable era precisamente Marie Curie, la profesora de universidad que había dado a Francia un Premio Nobel ahora era la responsable de haber destrozado una modélica familia francesa. La prensa de la época se cebó con ella de manera implacable, alimentando el relato con un ingrediente adicional: Marie era polaca y viuda, el blanco perfecto para la prensa sensacionalista. Día tras día se repetía la misma acusación, como si la tragedia tuviera un único nombre propio.

Para Marie fue un golpe durísimo. Tanto, que, en 1911, cuando Marie recibe su segundo Premio Nobel, el comité temió que su presencia en Estocolmo fuera a desencadenar un nuevo escándalo. Marie agotada, no tenía fuerzas para afrontar la situación, pero Albert Einstein quien intervino para apoyarla y animarla a que recogiera el galardón. Marie Curie se convierte entonces en la primera persona en recibir el prestigioso reconocimiento por segunda vez. A fecha de la publicación de este libro, de los aproximadamente 1000 galardonados con el Premio Nobel, tan solo cuatro de ellos lo han recibido dos veces y la única mujer es Marie Curie. La científica se convirtió una auténtica celebridad mundial. No obstante, nunca le gustó la fama, huía de ella. Solía decir que en ciencia se debe de mostrar interés por las cosas y no las personas. Tanta era su pasión que incluso renunció a los beneficios económicos que podría haber supuesto la patente del proceso de purificación del radio. En 1913, Marie Curie inauguró el Instituto del Radio de Varsovia y, poco a poco, fue recuperando fuerzas tras los dos golpes: la muerte de Pierre y el rechazo de la sociedad francesa. Dos tragedias concentradas en apenas cinco años.

Quizá a alguien le haya sorprendido la aparición de Albert Einstein apoyando a Marie Curie, pero la realidad es que su amistad daría seguramente para escribir un libro entero. Se conocieron en persona en 1928 en una reunión en Ginebra. Su correspondencia y los largos paseos que solían dar juntos fueron muy comentados; no es difícil imaginar la impresión que causaría ver a dos de las mentes científicas más brillantes del siglo xx conversando tranquilamente sobre física.

Y mientras Marie se recupera y coge de nuevo fuerzas para proseguir con su trabajo, en el año 1914 la muerte de un archiduque en la ciudad serbia de Sarajevo desencadena lo que sería la I Guerra Mundial. Durante los siguientes cuatro años,

Marie Curie y Albert Einstein dando uno de sus famosos paseos.

Europa sufrió el desastre del conflicto: las naciones se enfrentarían unas con otras en una tragedia sangrienta que causó millones de muertos. Sin embargo, fue precisamente en ese contexto cuando Marie decidió poner sus conocimientos científicos al servicio del frente, con el objetivo de ayudar a tratar los soldados heridos. Para ello, crea unidades móviles para hacer radiografías *in situ*, los llamados «pequeños Curie», de los que hablaremos en capítulos siguientes.

Aunque suele asumirse que la causa de la muerte de Marie fue la leucemia, no se puede descartar que la causa real tenga relación con la exposición sin protección a los rayos X de esas unidades móviles durante los años de la guerra. Pese a su desgaste, en la última etapa de su vida, Marie fue reclamada en prácticamente todos los continentes para dar conferencias y exponer sus descubrimientos sobre la radiactividad. Uno de los viajes más importantes para ella seguramente fue la primera vez que visitó los Estados Unidos. La idea del viaje comienza cuando la periodista Marie Meloney conoce a Marie Curie y se encuentra con una mujer muy débil y enferma. La periodista le pregunta qué es lo que necesita y esta le responde que un gramo de radio, pero que no puede permitirse pagar el precio para comprarlo. Sí, han leído bien: la descubridora del radio y del polonio, y dos veces premio nobel no tenía dinero para comprar un gramo del elemento que ella misma había descubierto. La periodista le aseguró entonces que podía movilizar a la sociedad estadounidense para reunir la financiación necesaria, con una condición: Marie debía viajar a Estados Unidos. De este modo se prepara el primer viaje de Marie Curie a Estados Unidos a través de una campaña de recogida de fondos que ahora denominaríamos «crowdfunding». Un grupo de mujeres consigue reunir 100 000 dólares de la época para que Marie pueda adquirir su gramo de radio y financiar el viaje a Estados Unidos. Por lo que, en 1921, Marie visita por primera vez el continente americano.

Marie en esa época conoció a muchos personajes ilustres como Gandhi y realizó muchos otros viajes: a Brasil en 1926 o España, donde estuvo hasta en tres ocasiones. El primer viaje a España de Marie Curie tiene lugar en 1919, pues había sido invitada al primer Congreso Nacional de Medicina celebrado en Madrid. El acto de inauguración corrió a cargo de Marie Curie, en el que impartió una conferencia con ayuda de su hija Irène sobre las radiaciones de radioelementos y la técnica de su empleo.

El siguiente viaje de Marie a España fue en el mes de abril de 1931, invitada por el recién inaugurado Gobierno de la II República. Bajo la guía de Blas Cabrera, que la acompañó como anfitrión, Marie impartió diversas charlas en la Facultad de Ciencias, donde pudo explicar el origen de los elementos radiactivos y varias anécdotas. Siempre vistiendo de oscuro, causó sensación en la famosa residencia de estudiantes con sus enseñanzas sobre la radiactividad y la evolución de la ciencia.

En su último viaje a España, en mayo de 1933, Marie estuvo acompañada por su hija menor y lo hizo en calidad de vicepresidenta de la comisión internacional de cooperación intelectual de la recientemente creada Sociedad de las Naciones. A las reuniones de este último viaje a España asistieron, entre otros, Gregorio Marañón y Miguel de Unamuno. Además, tuvo la ocasión de visitar, entre otras ciudades, Toledo, Granada, Almería, Murcia, Valencia y Barcelona.

En 1934, termina el viaje de Marie Curie por la ciencia. Unos meses antes de su muerte, pudo ver cómo su hija mayor recibía junto con su marido Joliot el Premio Nobel por el descubrimiento de la radiactividad artificial. Pero el 4 de julio de 1934 llegó el momento de que Marie Curie dijera adiós. Terminaba de este modo la vida de una mujer excepcional que tuvo que realizar esfuerzos enormes para poder llevar a cabo su sueño de dedicarse a la ciencia. En el camino, Marie no solo obtuvo dos Premios Nobel, sino que además crio a dos hijas que —como veremos a continuación— también protagonizaron trayectorias extraordinarias. Marie y Pierre fueron trasladados en 1995 al panteón de París, donde están enterrados los personajes más ilustres de Francia. Marie es la única mujer enterrada en dicho panteón y su ataúd está forrado de plomo debido a la radiación que emite su cuerpo que, al igual que sus cuadernos de notas, sigue activa y así será por muchos miles de años.

Hasta este momento hemos hablado de la figura de Marie Skłodowska Curie —obviamente se merecía un lugar destacado en un libro como este—. Siempre que se trata la radiactividad, se corre siempre el riesgo de que su figura eclipse a la del resto de su familia. Para evitarlo, vamos a detenernos ahora en las otras protagonistas de esta dinastía de Premios Nobel, las hijas de Marie.

Irène Joliot-Curie (Francia, 1897–1956) fue una científica con un papel relevante también en el ámbito de la política. Estudió interrumpidamente física y matemáticas en Soborna

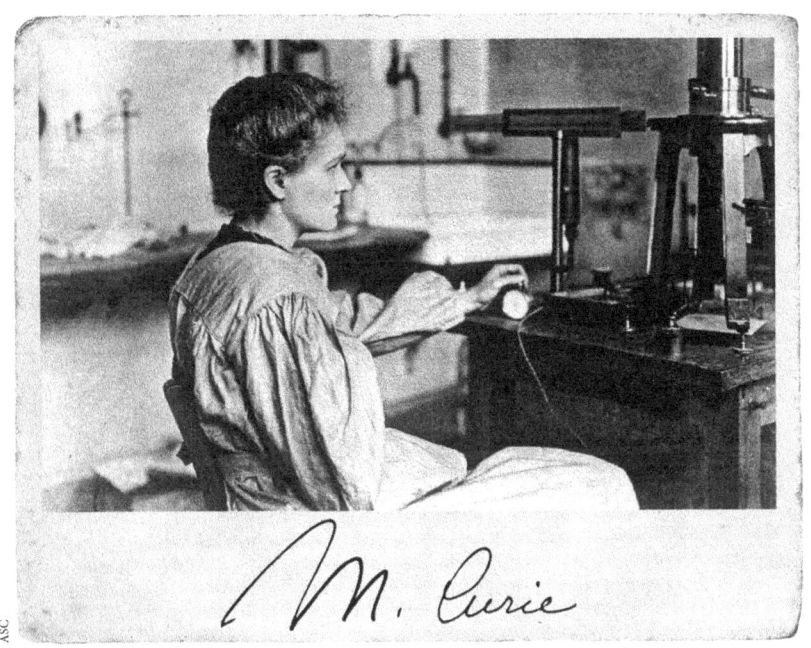

Marie Curie tenía como objetivo dedicar su vida a la ciencia.

—su formación se vio pausada por la I Guerra Mundial, en la que ayuda a su madre con los pequeños Curie— y, en el año 1925, recibe su doctorado por un trabajo dedicado a estudiar las emisiones alfa del polonio. Su trabajo científico tuvo como culminación el descubrimiento de la síntesis de elementos radiactivos, en otras palabras, radiactividad artificial, que puede ser considerada como el germen de la fisión del uranio, que sería descubierta años más tarde. En 1926, se casa con Frédéric Joliot, con quien once años más tarde recibiría el Premio Nobel de Química. Durante la misma convocatoria de premios, James Chadwick recibiría el reconocimiento en la categoría de Física tras descubrir una partícula fundamental en radiactividad, el neutrón. Un dato curioso es que, aunque Marie Curie ya había fallecido en el momento de la ceremonia de entrega, pudo conocer en vida que su hija había sido galardonada.

Irène Joliot Curie y Frédéric Joliot en su laboratorio en 1935.

El descubrimiento de la radiactividad artificial surge mientras Irène y Frédéric trabajaban con neutrones y observan que, en ciertos materiales, al recibir el impacto de estas nuevas partículas, adquieren la propiedad de la radiactividad. En otras palabras, ahora es posible producir sustancias radiactivas casi a voluntad usando materiales que no lo son de forma natural. Un hecho importantísimo en el desarrollo de la radiactividad con muchísimas implicaciones, tanto en aspectos positivos como negativos.

La carrera académica de Irène, afortunadamente, fue un poco más sencilla que la de su madre. En el año 1932, se convierte en profesora asociada de la Facultad de Ciencias de la Universidad de París y, cinco años más tarde, en lo que ahora llamaríamos catedrática en la misma universidad. En 1946, Irène es nombrada directora del Instituto del Radio y trabaja igualmente como comisionada de energía atómica durante seis años. En cuanto a su intensa actividad política, fue feminista y una de las primeras mujeres miembro del Gobierno de la República francesa en los años anteriores a la guerra, aunque tan solo ocupó su puesto como subsecretaria de Estado durante unos pocos meses en 1936. A pesar de esto, su actividad fuera de la ciencia continuó después de la II Guerra Mundial hasta prácticamente su muerte. En 1950, firma el llamamiento de Estocolmo contra el uso militar de la energía nuclear. Documento que tiene entre sus firmantes a personalidades de renombre como Albert Einstein o Bertrand Russell. En el año 1955, un año antes de su muerte, firma el manifiesto por la paz Russell-Einstein.

Para terminar este capítulo, conozcamos a la pequeña de las dos hermanas Ève Curie (Francia, 1904–Nueva York, 2007), la menos científica de toda la familia. Se dedicó a las humanidades y la música, fue concertista de piano y tenía un carácter bastante diferente al de su madre. Si a Marie no le gustaban las ceremonias ni el *glamour*, Ève era todo lo contrario, atributo del que se beneficiaba la científica en los actos sociales que acompañaban a las entregas de galardones a los que acudía con sus hijas y que detestaba.

Ève era bastante bromista, muchas veces decía que ella era la que había llevado la vergüenza a la familia Curie al no haber obtenido el Premio Nobel. Pero este hecho no puede empañar la figura de Ève Curie, que es realmente excepcional. Si nos paramos a pensar en la época en la que vivió, veremos que es historia viva del siglo XX. Experimentó, durante sus 103 años, de primera mano todos los grandes acontecimientos del pasado siglo y todas las grandes tragedias que tuvieron lugar. Fue testigo de una época en la que no existían los coches y llegó a enviar correspondencia por email al final de su vida.

Uno de los logros más famosos de la pequeña Curie fue su trabajo como escritora. Su obra más reconocida fue la biografía de su madre, publicada en 1937 y titulada *Madame Curie*. El éxito del libro fue tal que fue llevado al cine ocho años más tarde por la Metro-Goldwyn-Mayer. Además, tuvo cierto grado de conocimiento en ciencias —no podía ser de otra manera—, pero su formación principal fue la filosofía. Su vida estuvo marcada profundamente por la II Guerra Mundial y no haber conocido prácticamente a su padre, pues este falleció cuando Ève tenía menos de dos años. La muerte de Pierre fue una auténtica tragedia para la familia, pero sobre todo para la pequeña Ève, que al parecer no tuvo toda la atención que merecía de su madre. La infancia de Ève coincidió con la época en la que Marie tuvo una de sus mayores crisis, siendo apartada de la sociedad francesa, sufriendo en silencio la muerte de su marido y trabajando hasta la extenuación. Sin embargo, como indicó la propia Ève, esta situación se solucionó con los años y el vínculo de Marie con su hija pequeña fue haciéndose más fuerte a medida que iba pasando el tiempo, sobre todo, a partir del momento en el que su hermana Irène se casa con Frédéric. Coincide con el último periodo de la vida de Marie, en el que ya comienza a estar muy enferma y Ève se dedica a cuidar de ella y la acompaña en sus viajes, como aquel viaje en el que las dos hermanas acompañan a Marie a los EE. UU. En este viaje los actos sociales se multiplicaban y, dado que a Marie no le hacía especial ilusión este tipo de situaciones, Irène y Ève causan sensación, especialmente la pequeña; de ahí que la prensa de la época la empiece a llamar «la chica de los ojos de radio».

Hasta este momento hemos hablado mucho de los Premios Nobel de la familia y hemos dicho que hay cinco. ¿Cuál es quinto? Este pertenece a la familia Curie, aunque se trata de un Premio Nobel un poco especial. Fue concedido en 1965 a la organización UNICEF que presidía en aquel momento Henry Labouisse, quien tuvo la responsabilidad de recoger el premio en nombre de la organización. Henry Labouisse era el marido de Ève Curie, por lo que se pudo añadir un quinto galardón

Ève Curie con el uniforme de soldado raso del cuerpo de voluntarios francés.

Nobel, en este caso de la Paz, a la familia Curie. Por cierto, en ese mismo año, el reconocimiento en Física fue para otro de los grandes científicos del siglo xx, Richard Feynman, por sus trabajos en electrodinámica cuántica.

Terminamos de este modo un repaso por una familia de Nobel que marcó todo el desarrollo de gran parte de la física del siglo xx. El apellido Curie ha quedado para siempre ligado a la ciencia y, de hecho, la primera unidad con la que se comenzó a medir la actividad de las sustancias radiactivas lleva su nombre, el curio. El curio también es un elemento químico, el número 96, que precisamente se produce de forma artificial mediante el fenómeno que la hija de Marie descubrió.

5

LAS PRIMERAS APLICACIONES DE LA RADIACTIVIDAD

C asi en paralelo al descubrimiento de la radiactividad comenzaron a surgir todo tipo de aplicaciones del nuevo fenómeno. Nos encontramos en los comienzos del siglo XX y, como suele suceder con cada gran descubrimiento científico, apareció un amplio abanico de usos de lo más diverso. Hubo desde remedios milagrosos y charlatanerías de algunos pseudocientíficos que aprovechan el impacto del nuevo fenómeno para poder obtener un beneficio económico hasta aplicaciones serias que abrirían nuevos campos del conocimiento, en especial en el ámbito de la medicina.

En este capítulo veremos algunos ejemplos de las primeras aplicaciones de la radiactividad y cómo estas abarcaron ámbitos muy distintos: desde el nacimiento de las primeras industrias hasta la cosmética, sin olvidar, por supuesto, su uso en el tratamiento de enfermedades. Merece la pena destacar que en estos primeros años, no se tenían apenas en cuenta las medidas de protección radiológica que hoy en día nos parecen evidentes. Visto desde la óptica de la década de 2020, aquellos primeros «pioneros radiactivos» llevaban a cabo prácticas que actualmente nos resultan impensables. Pero no se deberían juzgar esas prácticas desde nuestra perspectiva de más de 100 años de experiencia trabajando con radiactividad.

La historia del desarrollo de la radiactividad y sus diferentes aplicaciones encuentran casi de manera inmediata un aliado en la medicina. De forma que no es de sorprender que las primeras aplicaciones de la radiactividad fueran en el ámbito de la medicina. Como vimos hace algunos capítulos, el descubrimiento de los rayos X por parte de Willem Röntgen significó la apertura de una nueva ventana de exploración para los profesionales sanitarios. La primera radiografía de la historia se toma de la mano de Bertha, la mujer de Röntgen. De repente, los médicos tienen a su disposición una nueva herramienta que les permite explorar el interior del cuerpo humano prácticamente en tiempo real. Porque hasta el descubrimiento de los rayos X, lo que pasaba dentro del cuerpo de las personas era un verdadero misterio. Solo había dos opciones para investigar que sucedía en el interior: se practicaba una autopsia del cuerpo de la persona una vez muerta o bien se abría el cuerpo con la persona viva. La primera opción permitía ampliar el conocimiento a posteriori, pero no poder remediar el problema. La segunda, por motivos obvios, era bastante descartable a no ser que fuera absolutamente necesaria.

En la actualidad nos parece muy normal, por ejemplo, el distinguir entre una simple contusión o una fractura. A casi todos nos ha ocurrido que hemos tenido una caída y nos hemos dañado una pierna, nos hemos golpeado un brazo, la cabeza, el hombro, tenemos dolor de estómago, dificultad para respirar, etc. Averiguar la causa de estas dolencias en principio es relativamente sencillo, ya que cualquier centro de salud dispone de un equipo de rayos X con el que casi de forma inmediata nos pueden hacer una radiografía y tener una primera instantánea de lo que nos ha ocurrido. Se podría ver con claridad si nos hemos tragado nuestro anillo de boda, por ejemplo, y en qué parte del aparato digestivo se encuentra. También podríamos saber si tenemos un problema en un diente, porque cualquier clínica dental que se precie dispone de equipos de rayos X. Además, no tenemos que esperar días, obtenemos los resultados de manera inmediata. El especialista interpreta las imágenes y en unos momentos disponemos de un diagnóstico preliminar que nos permite saber si tenemos que escayolarnos la pierna, ponernos una simple venda o esperar a expulsar el anillo de boda. Del mismo modo, existen pruebas más complejas que pueden determinar el alcance de un tumor o cáncer. También se utilizan en la industria a través de lo que se conoce como radiografía industrial y se emplean, entre otras cosas, para detectar fallos estructurales de piezas. Pero no hace falta correr tanto de momento y regresemos de nuevo a finales del siglo XIX y principios del siglo XX.

¿Quién fue una de las primeras personas en experimentar con los efectos de las radiaciones? No resulta sorprendente que fuera Pierre Curie. A fin de cuentas, junto con su esposa, era uno de los mayores expertos en radiactividad. Obvia y desgraciadamente, estos científicos eran completamente desconocedores de las implicaciones que sus investigaciones tendrían en su salud. Estos pioneros eran como los marineros que fueron con Colón a embarcarse en la ruta a las Indias: no conocían absolutamente nada del camino, pero les movía su instinto por descubrir nuevos campos y aplicaciones.

¿Cómo comienzan los experimentos de aplicación de la radiactividad? Pues experimentando en el propio cuerpo de los científicos. De manera que nos encontramos en los primeros años del siglo XX a un intrépido Pierre Curie que empieza a aplicarse sustancias radiactivas en su propio brazo, la primera el radio. Hay que señalar que jugaba un poco con ventaja porque ya conocía experiencias previas. En 1900, el dentista Friedrich O. Walkhoff quería probar con los efectos de la radiactividad en su propio cuerpo y, para eso, necesitaba material radiactivo, el cual se lo solía suministrar su amigo, Friedrich Giesel. Por primera vez en la historia una persona expone su brazo a unos 200 mg de radio, en este caso suministrados por Giesel durante unos cuarenta minutos. Observemos que tenemos dos de los elementos que forman parte del ABC de la protección radiológica: el tiempo de exposición (cuarenta minutos) y la cantidad de sustancia radiactiva (200 mg). Pero esto era algo que Walkhoff desconocía.

El resultado del experimento de Walkhoff a día de hoy resulta más que evidente: una inflamación en la piel y la generación de una lesión que no se podía curar. Pero en el momento del experimento, resultó algo espectacularmente sorprendente y dejó muchas incógnitas: ¿cómo era posible que algo que no se podía ver generase ese efecto en la piel? Ni siquiera se podía sentir dicha radiactividad. Si algo no podía ni siquiera sentirse, ¿cómo era capaz de producir daño en un tejido?

A la experiencia de Walkhoff le sigue su amigo Giesel, que era la persona que fabricaba el radio que se había empleado en el experimento que demostró por primera vez los efectos biológicos de las radiaciones ionizantes. Pero ahora Giesel alarga el tiempo de exposición a 120 minutos. Además de generarse un efecto en el brazo similar al de su amigo, en esta ocasión, el tejido del brazo que ha estado expuesto a la radiación desaparece, es decir, se pela.

En ese contexto, Pierre Curie intervino para corroborar experimentalmente las primeras observaciones sobre los efectos de la radiación en los tejidos. Aumentó el tiempo de exposición hasta las diez horas y comprobó que el tejido irradiado sufría una necrosis completa. Henri Becquerel, por su parte, también padeció quemaduras tras transportar sustancias radiactivas en el bolsillo de la camisa.

De este modo, en muy pocos años se constató que un fenómeno invisible e imperceptible podía provocar daños graves en el organismo, llegando a destruir el tejido expuesto. Ahora bien, hasta aquí solo hemos considerado su vertiente nociva. Si su relación con la medicina fue tan temprana, la cuestión resulta inevitable: ¿qué usos terapéuticos podía ofrecer una exposición controlada a la radiación?

Como habían observado Pierre, Walkhoff y Giesel, al exponer los tejidos a muestras que contenían radio, estos podían llegar a morir. Y en esta última parte está lo positivo de los efectos de las radiaciones, era capaz de matar a las células del tejido sin aparente distinción entre unos tejidos u otros. De forma que parece sencillo concluir que se podría emplear la radiación para matar tejidos malignos como células cancerígenas, las cuales estaban trayendo de cabeza a los profesionales sanitarios de la época. De esta forma comienza a nacer una nueva disciplina, la terapia del radio o la terapia Curie —o como la conocemos en nuestros días, la radioterapia—.

Desde el descubrimiento de los rayos X ya se había observado que estos rayos eran capaces de dañar células. Entonces, ¿cuál podría ser la ventaja de la aplicación de radiaciones frente a los rayos X? Esencialmente, la movilidad. La producción de rayos X precisaba de grandes instalaciones y suministro eléctrico que pudiera generar el voltaje necesario. Resultaba bastante complicado desde un punto de vista logístico el transportar las instalaciones de rayos X de un sitio para otro para poder llevar a cabo tratamientos médicos. Por otro lado, la aplicación de radiaciones era algo bastante más sencillo desde el punto de vista de la logística. Las fuentes radiactivas se podían manipular de forma más sencilla e incluso podían llegar a zonas donde los rayos X no podían «penetrar» porque se lo impedían los propios tejidos.

La introducción de fuentes radiactivas en los tratamientos en aquellos primeros años del siglo XX supuso una revolución en medicina similar a la que ahora estamos viviendo con la denominada medicina de precisión. Otra de las ventajas del uso de fuentes radiactivas era la opción de emplear fuentes de vida media muy corta, con lo que se reducía el coste del tratamiento y el tiempo de exposición, además de evitarse efectos a otras personas no tratadas. Sin embargo, en aquella etapa inicial, este último aspecto no se consideraba relevante y no se le prestaba atención.

La radioterapia comienza a aplicarse no solamente para tratar el cáncer, sino también otras patologías importantes de la época como la artritis, el lupus, problemas en la piel, dolores de cabeza y, por supuesto, la tuberculosis. Precisamente, esta última enfermedad marcó el inicio de la aplicación en medicina de uno de los descendientes del radio: el gas radón. Frederick Soddy fue de los primeros en sugerir inhalar radón a través de tubos en pacientes con tuberculosis, y la idea, en su contexto, resultaba ingeniosa. Al ser un gas, el radón podía generarse de manera continua siempre que se dispusiera de su «progenitor», el radio. la fuente empleada quedaba comprometida o se perdía tras el tratamiento; en cambio, al encapsularlo en tubos, era posible mantener una producción sostenida de radón y reutilizar la misma cantidad de material en múltiples sesiones y con numerosos pacientes. El procedimiento resultaba así más práctico y, sobre todo, más económico.

Poco a poco fueron desarrollándose formas de aplicar con fines terapéuticos las radiaciones ionizantes. Sin embargo, del mismo modo que Pierre Curie fue uno de los primeros en demostrar sus efectos sobre los tejidos, también fue de los primeros en advertir de sus riesgos y de su potencial peligro. Tal advertencia la encontramos en su discurso de aceptación del Premio Nobel pronunciado en Estocolmo en 1905, curiosamente 40 años antes del lanzamiento de la primera bomba atómica sobre Hiroshima y cuando no habían transcurrido ni siquiera diez años del descubrimiento de la radiactividad: «Se puede pensar que el radio podría convertirse en una herramienta muy peligrosa en las manos de personas con malas intenciones. Y aquí subyace la cuestión de si la humanidad puede

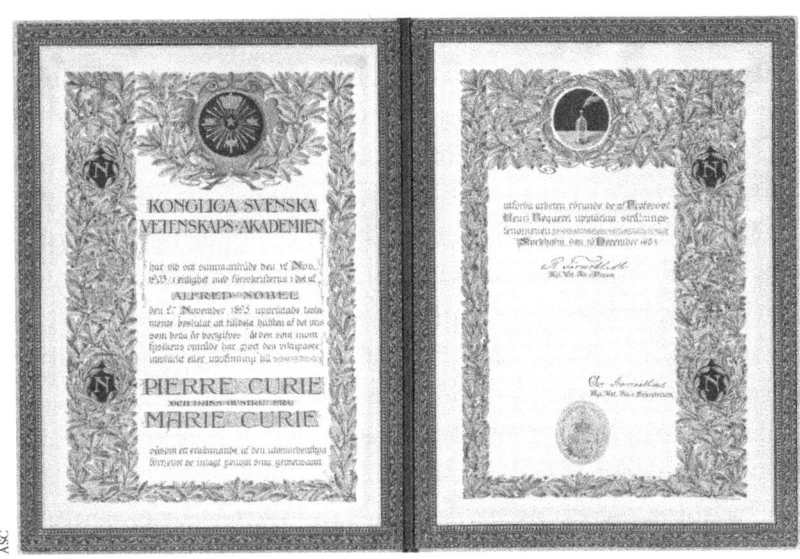

Premio Nobel otorgado al matrimonio Curie.

beneficiarse del conocimiento de los secretos de la naturaleza. La cuestión es si estamos preparados o no para este beneficio. Un ejemplo es el descubrimiento del explosivo por parte del propio Alfred Nobel. Los explosivos pueden hacer cosas maravillosas por la humanidad. Pero también pueden ser terribles herramientas de destrucción en manos de criminales que conduzcan a la guerra. Yo soy de los que piensan, junto con Alfred Nobel, que los nuevos descubrimientos nos van a hacer más bien que mal». Cuarenta años y casi dos meses después de aquel discurso, los Estados Unidos lanzaban dos bombas atómicas de fisión nuclear sobre las ciudades japonesas de Hiroshima y Nagasaki, lo que causaría la muerte inmediata de cientos de miles de ciudadanos y consecuencias que se observan incluso en nuestros días.

Como hemos visto hasta ahora, las primeras aplicaciones médicas de la radiactividad se centraban en tratar enfermedades como el cáncer. En aquellos primeros ensayos de radioterapia se utilizaban sales de radio, con distintas concentraciones, pero siempre con una condición imprescindible: disponer de radio en cantidad suficiente. La pregunta era inevitable: ¿cómo garantizar una producción estable de radio para uso terapéutico? Una cosa era obtenerlo, como habían hecho Pierre y Marie Curie, a partir de enormes cantidades de pechblenda y tras años de trabajo en condiciones casi artesanales; otra muy distinta era abastecer a hospitales y consultas de manera regular. Para lograrlo era necesario dar un paso más: convertir la extracción y purificación del radio en un proceso industrial, capaz de sostenerse como actividad rentable y de responder a la creciente demanda médica.

Y aquí surge de nuevo la figura de Marie Curie, con una aportación decisiva que a menudo pasa desapercibida, aunque sus consecuencias fueron enromes. Curie nunca quiso patentar su procedimiento de purificación de radio. La científica pensaba que debía de estar al alcance de todos, para que sus beneficios revirtieran en la humanidad y no solo en quienes lo habían descubierto. Ese gesto, profundamente altruista, facilitó el nacimiento de una industria y dedicada a la producción de radio, que se expandió casi de inmediato, en paralelo al desarrollo científico de la radiactividad.

El proceso de explotación comercial del radio estaba abierto y disponible a todo el mundo. La cuestión, a partir de ese momento, era otra: una vez conocida la técnica, ¿cómo convertirla en un proceso que rentable? Reaparece en este momento la figura del químico alemán del que ya hemos hablado bastantes veces, Friedrich Giesel. Con experiencia en métodos de purificación, Giesel buscó una forma de acortar los tiempos de obtención del radio y propuso sustituir el cloro por el bromo, utilizando bromuros en lugar de cloruros durante el proceso. La idea tenía sentido desde el punto de vista químico: ambos elementos pertenecen al mismo grupo de la tabla periódica y, por tanto, comparten propiedades similares.

Friedrich Giesel era el responsable químico de la empresa alemana Buchler, fundada en 1858 por el alemán Hermann Buchler en la ciudad de Braunschweig, donde se encuentra hoy la sede PTB, el laboratorio más importante del siglo XXI en Alemania. Gracias a la experiencia de la compañía en procesos de purificación, Giesel consiguió reducir de forma notable el tiempo de obtención del radio y, tan solo tres años después del descubrimiento de Marie y Pierre, los primeros productos comerciales que lo contenían comenzaron a estar disponibles para el público.

Los siguientes años supusieron una explosión a nivel comercial del nuevo elemento: en numerosos países surgieron iniciativas para abastecer la creciente demanda. Y, como tantas veces ocurre, comenzó a haber cierta disputa nacionalista, sobre todo porque recordemos que el radio se obtenía a partir de la petchblenda. Este mineral, bastante común en Europa Central, se encontraba en abundancia dentro de territorios del Imperio austrohúngaro. Comprobada la gran demanda de petchblenda, un mineral con poco o casi nada de interés antes del descubrimiento de Marie y Pierre, el Gobierno austro-húngaro comienza a incrementar el precio del mineral como medida de carácter proteccionista. El efecto fue inmediato. Al encarecerse la materia prima, aumentó el coste del radio. Además, al comprobarse que su utilidad no se limitaba a la medicina, sino que se extendía a otros ámbitos, el Imperio dio un paso más: prohibió la exportación de pechblenda y, en 1907, impulsó la creación de una fábrica de radio en Sankt Joachimsthal (hoy Jáchymov), en el actual territorio de la República Checa.

Prohibida la exportación de radio por parte del Imperio austrohúngaro y, ante la creciente necesidad, en Alemania se recurrió a una alternativa: el «mesotorio», que en la actualidad lo conocemos como ^{228}Ra. Hasta el momento, el radio que se había empleado era el ^{226}Ra. Aunque ambos son isótopos del mismo elemento químico —y, por tanto, comparten propiedades químicas muy similares—, difieren de manera notable en sus propiedades físicas, entre ellas la vida media o periodo de semidesintegración. Mientras que el ^{226}Ra tiene un periodo de unos 1600 años, el del ^{228}Ra es de alrededor de 6 años. No obstante, este nuevo «tipo de radio» se comenzó a emplear con normalidad e incluso llegó a conocerse como el «radio alemán».

Se empezaron a emplear nuevas sustancias para poder superar el proteccionismo introducido por el Imperio austrohúngaro para lo que era necesario el asesoramiento de científicos a la hora de manejar los nuevos productos. Prácticamente todos los investigadores relevantes del campo acabaron colaborando en esta industria. Por ejemplo, Otto Hahn trabajó como asesor de una empresa en Berlín dedicada a la producción del torio, el precursor del ^{228}Ra. La propia Marie Curie, por su parte, asesoró a una empresa franco-brasileña en 1911. Para obtener radio era imprescindible disponer del elemento situado al inicio de la cadena de desintegración, el uranio. Esto impulsó la apertura de las primeras minas de uranio en numerosos países casi de forma simultánea: Inglaterra, Turkmenistán, Madagascar, Japón, Australia, EE. UU., Canadá, etc. De este modo se puso de manifiesto que el uranio —utilizado desde su descubrimiento en 1789 casi exclusivamente con fines decorativos en cerámicas y vidrios—, poseía un valor mucho mayor como material radiactivo, lo que condujo también a un notable incremento de su precio.

Así comenzó a desarrollarse toda una industria, que perdura hasta nuestros días. Este desarrollo favoreció la creación de institutos de investigación en distintos países: en Austria, el Instituto para la investigación del radio (*Radiumforschung*); en Alemania, el Instituto Kaiser Wilhelm; en Polonia, el Instituto del Radio, y en Francia, el de París. Este último, que había sido el gran sueño de Pierre, se inauguró años después de su muerte, de modo que nunca llegó a verlo en funcionamiento.

Con el avance de la industria dedicada a la producción de compuestos de radio, no solo se benefició la medicina —que incorporó una herramienta decisiva como la radioterapia—. Al mismo tiempo, el radio y sus compuestos comenzaron a estar disponibles para el público general, lo que provocó que sus aplicaciones comenzaran a aumentar de forma gradual. Así encontramos, por ejemplo, dos años después del descubrimiento de la radiactividad, un agua con fines médicos comerciada por la empresa Guipuzcoana Morataliz. En 1910, comenzó la producción de unos cigarrillos con tabaco cultivado en suelo con altos niveles de radiactividad. Otro producto muy curioso era un vino que contenía uranio recomendado como tratamiento para la diabetes. Era venido por una empresa de Guipúzcoa, su fórmula —la «verdadera y legítima» tal y como aparecía en su folleto— había sido desarrollada por un tal Dr. C. Pesqui en el año 1911 y el producto costaba 11 pesetas. Se trataba de un vino de mesa, cuya dosis recomendada era muy curiosa: una copa de jerez antes o después de cada comida, al menos dos veces al día y otra por la noche antes de ir a dormir; además, se podía tomar solo o disuelto en agua. Quizá el tratamiento no fuera muy efectivo contra la diabetes, pero seguramente beber tres copas diarias de vino podía ser muy estimulante y nada bueno para el hígado.

En 1920, por 31 pesetas se podía comprar un jarabe radiactivo llamado FimolBusto. Se recomendaba una dosis de tres cucharadas grandes al día siguiendo las indicaciones del farmacéutico. En su composición se podía encontrar bromuro de radio, aunque en una proporción aparentemente baja ($18 \cdot 10^{-11}$ gramos). Ese mismo año, desarrollaron unas ampollas que se suministraban para el tratamiento de ciertas infecciones. Como podemos observar, se mezclaban productos que posiblemente sí podrían tener cierta utilidad en medicina con otros productos propios de la charlatanería de la época que aprovechaban la excusa del desconocimiento y la novedad de la radiactividad para obtener un beneficio. No obstante, de entre todos los falsos remedios que se aprovecharon de la radiactividad, quizá el más famoso de todos fue el Radithor. Este «medicamento» era esencialmente agua destilada tres veces con un contenido de al menos 1 microcurio de ^{226}Ra y otro tanto de ^{228}Ra. Este producto fue fabricado por la empresa Bailey Radium Laboratories durante varios años, entre 1918 y 1928. La sustancia captó la atención de la prensa de aquellos años debido a un accidente radiactivo, de los primeros incidentes serios. El supuesto medicamente era poco menos que la panacea para curar las enfermedades, pues se indicaba que era capaz de actuar y curar más de cuatrocientas patologías, incluida la impotencia, por lo que obviamente fue un producto que tuvo mucha aceptación.

No solo la industria farmacéutica se llenó de productos radiactivos, otros campos como la cosmética eran objetivo claro de aplicación de los productos con radiactividad. Hasta bien entrado 1950 se comercializaron maquillajes con radio. Por ejemplo, en 1948, la mujer que ganó el concurso Miss Europa y Miss Francia participó en la publicidad de productos de maquillaje que contenían entre sus componentes el radio. La empresa que suministraba el producto era Tho-Radia, una farmacéutica francesa que elaboraba productos radiactivos entre los años 1932 y 1962, aunque tan solo utilizaron radio y torio hasta 1937. Conectado con esta empresa aparece la figura de Alfred Curie que, a pesar de su apellido, nada tiene que ver con Pierre.

En el Berlín de 1920, la empresa Auergesellschaft comenzó a producir una pasta de dientes bajo la marca Doramad que contenía radio. Su venta duró hasta el final de la II Guerra Mundial. Dado que el contenido era radio, como elemento, contenía también uno de los isótopos de radio, el ^{228}Ra cuyo padre en la cadena de desintegración radiactiva es el torio. Y aquí es donde tiene lugar la historia curiosa a la que nos hemos referido hace unas líneas.

Pasta de dientes radiactiva Doramad.

Durante la II Guerra Mundial, una operación enmarcada en el Proyecto Manhattan denominada Alsos tenía como objetivo espiar el proyecto alemán de producción de la bomba atómica. En una ocasión, se descubre que los nazis estaban robando todo el torio que podían de la Francia ocupada. Al obtener esta información, pensaban que había encontrado evidencias claras de que los nazis estaban empleando el material en el desarrollo de su bomba atómica. Pero, en realidad, lo que estaban haciendo los nazis era utilizar ese torio para la producción de la pasta de dientes Doramad.

Para terminar este capítulo, debemos hacer una mención a una de las aplicaciones del gas radón, que ganó popularidad a principios del siglo xx y, lamentablemente, incluso en el siglo xxi: los balnearios de gas radón o, más comúnmente denominados, «radon spas». Desde la época de los romanos, las aguas termales y, especialmente, los balnearios han sido considerados lugares donde las personas acuden a curarse de determinadas patologías. También se emplean como lugares para simplemente descansar y pasar unos días en tranquilidad, desconectados de las rutinas diarias.

El descubrimiento de la radiactividad trajo consigo, como hemos visto en este capítulo, un verdadero *boom* de aplicaciones que incrementó la necesidad de encontrar materiales radiactivos en prácticamente cualquier lugar y, evidentemente, los balnearios no fueron una excepción. No pasó demasiado tiempo hasta que se observó que las aguas de algunos balnearios tenían propiedades radiactivas e incluso en algunos casos presentaban emanaciones de un gas radiactivo que se comenzó a conocer con el nombre de gas radón. En Europa encontramos muchos ejemplos de este tipo de instalaciones, siendo quizá los más conocidos los siguientes: el balneario de Baden-Baden en Alemania, Saint Joachimsthal o Jáchymov en checo, Bad Gasten en Austria y, por supuesto, encontramos otros ejemplos al otro lado del Atlántico en los Estados Unidos. Las propiedades radiactivas del agua de estos lugares enseguida se comenzaron a utilizar como reclamo publicitario para incrementar la presencia de usuarios en dichas instalaciones. El número de visitantes creció con rapidez, atraídos por supuestas virtudes sanadoras que envolvía la radiactividad en un halo casi milagroso, como si pudiera curar cualquier dolencia.

No obstante, en cuanto comenzó a investigarse sobre los efectos dañinos para la salud de la exposición a radiaciones ionizantes, lo que al principio era un reclamo publicitario comenzó dejar de ser sinónimo de bueno. Actualmente, estos balnearios siguen existiendo e incluso hay algunos estudios que intentan defender posibles efectos positivos de la exposición a bajas dosis de radiación, basándose en las emanaciones de gas radón presentes en estos.

Sin embargo, debemos recordar que no existe un «radón bueno» y un «radón malo», dado que está científicamente contrastado que la exposición a gas radón es una de las principales causas de cáncer de pulmón después del humo del tabaco. El problema en estas instalaciones es fundamentalmente para el personal que trabaja en las mismas. Se trata de personas que de forma rutinaria pasan muchas horas expuestos a unas concentraciones de radón que pueden significar un riesgo importante para su salud. Actualmente, estos trabajadores están protegidos por la legislación europea en materia de protección radiológica —implementada en España en 2022— que obliga a los centros de trabajo a medir y reducir la exposición de los trabajadores a este gas.

Aplicaciones de la radiactividad por todas partes, remedios milagrosos que prometían curar casi cualquier dolencia, materiales con propiedades asombrosas y un fenómeno nuevo que despertaba fascinación… pero ¿era realmente todo tan idílico a comienzos del siglo xx? Como veremos a continuación, los primeros accidentes no tardaron en aparecer.

6

LOS PRIMEROS ACCIDENTES SIN APENAS DARSE CUENTA

La radiactividad, como hemos visto, era un verdadero fenómeno que acababa de explotar prácticamente en todo el mundo, desde Japón hasta Australia, se estaba mostrando interés por este descubrimiento. Casi de forma paralela a los primeros remedios y aplicaciones de la radiactividad aparecieron los primeros accidentes inadvertidos.

Podríamos escribir mucho sobre estos primeros accidentes, pero hay al menos dos que merecen figurar en este libro por las implicaciones que tuvieron. Uno de ellos está ligado a lo que podría considerarse una de las primeras bebidas «energéticas» de la historia; el otro afectó a la vida de muchas mujeres y acabaría influyendo, de forma decisiva, en la historia de los derechos laborales.

En algún lugar del estado de Utah en los EE. UU., el 26 de febrero de 1909, los lectores del periódico *Deseret Evening News* se encuentran con una noticia muy curiosa enmascarada entre otras que hablan del acero y de problemas con cables eléctricos. Se trata de un anuncio por parte del Dr. E. H. Bailey de la Escuela Médica de Chicago. Había descubierto una sustancia nueva llamada Radithor, la cual presentó en el seno de una reunión de la Asociación homeopática del sur de los Estados Unidos. Se indica que la sustancia es poco menos que la panacea que va a servir para curar prácticamente cualquier enfermedad, incluido el cáncer. Además, se argumenta que es también muy asequible para la población —al contrario que el radio— y de este modo se puede poner a disposición del público un remedio tremendamente eficaz que va a permitir sanar a todo el mundo. El propio Dr. Bailey expuso que había llevado a cabo varios experimentos y que, dado el éxito de los mismos, había considerado oportuno realizar el anuncio. Al día siguiente, otro doctor, el Dr. F. H. Blackmar de la misma escuela médica, ofrece más detalles de este remedio milagroso.

Describe un experimento realizado con la sustancia cuyos radios han permitido atravesar una placa fotográfica y de este modo poder hacer una fotografía de determinados objetos. El Dr. F. H. Blackmar indica que la base de la composición del Radithor es la pechblenda y otros elementos cuyo nombre no da a conocer —tan raros que los tiene bajo custodia—. El argumento que empleó el Dr. F. H. Blackmar para poner de manifiesto lo magnífico que es el Radithor es que, aunque se había visto que el radio podía resultar beneficioso para curar enfermedades, su escasez —y, por tanto, su elevado precio— lo convertía en un producto inaccesible para el público. Con el Radithor, sostenía que esto no ocurriría, pese a que procedía de la pechblenda, la materia prima de la que procede el radio.

Además, afirmaba que durante catorce meses se había estado probando las aplicaciones de aquella nueva sustancia con su equipo y que, en ese tiempo, nunca había dejado de proporcionar algún beneficio a los pacientes que la habían utilizado. En muchas ocasiones, aseguraba incluso, había llegado a curar la enfermedad. ¿Qué era exactamente lo que curaba esta espectacular sustancia? Pues, como hemos indicado, se afirmaba que servía para tratar el cáncer, pero no solo eso: también la

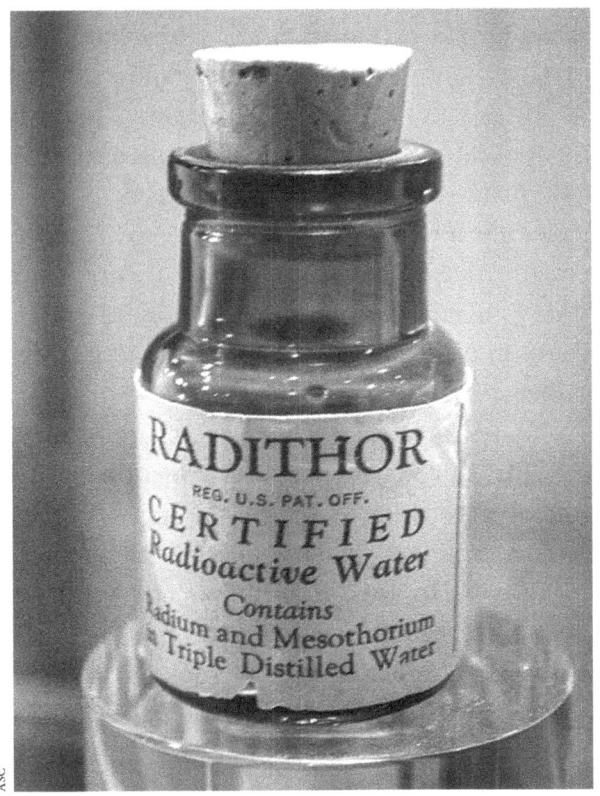

Radithor era un agua radiactiva que prometía numerosos beneficios para la salud.

tuberculosis, las úlceras, diversas afecciones cutáneas, malformaciones cogénitas y enfermedades del sistema nervioso, entre otras. Además, se presentaba como un remedio especialmente beneficioso porque, aunque emitiera radiación, esta supuestamente no era tan intensa como la del radio y, por tanto, su efecto resultaba más moderado. Sería más barata y estaría disponible para toda la población. Pero ¿realmente era así? ¿La población comenzó a usar este remedio milagroso?

Radithor puede considerarse, en cierto sentido, una de las primeras «bebidas energéticas» de la historia. En nuestros días, este tipo de bebidas milagro están presentes por todos los lados, prometen beneficios extraordinarios —a menudo sin fundamento— y, sin embargo, una buena campaña publicitaria basta para convertirlas en productos tremendamente populares. No es extraño, por tanto, que hace casi un siglo Radithor se presentara con ese mismo aire de remedio universal.

La historia de Radithor tiene también un nombre propio: Eben Byers, una de las primeras víctimas documentadas de estos remedios radiactivos. Byers fue campeón de golf en Estados Unidos, pero no pasó a la historia por sus méritos deportivos, sino por haber sufrido los efectos de esta bebida «mágica». Todo comenzó a finales de la década de 1920, cuando sufrió una lesión jugando al fútbol y su médico le recomendó Radithor como tratamiento. Se suponía que era un remedio casi milagroso, capaz de aliviar desde dolencias crónicas hasta simples lesiones deportivas. Byers se lo tomó al pie de la letra y empezó a consumirlo de manera sistemática, hasta tres frascos al día durante al menos dos años. Si cada frasco hemos dicho que contenía 1 microcurio de ^{226}Ra y ^{228}Ra, estamos hablando de una ingesta anual de nada menos que 365 microcurios de ambos isótopos, un par de años de consumo suponen casi 1 000 microcurios o lo que es lo mismo, en torno a un milicurio. En otras palabras, una auténtica barbaridad que evidentemente a fecha de hoy a nadie se le ocurriría ingerir.

El problema de la radiactividad es que, salvo casos extremos, los efectos generalmente son a largo plazo. Al comienzo, Byers no percibió ningún daño; todo lo contrario, se sentía mejor, con más fuerza, y pronto se convirtió en lo que ahora llamaríamos un embajador de la bebida. Se lo recomendaba a todos sus amigos, conocidos y empleados. Se convirtió en alguien muy popular, si hubiera vivido en nuestra época seguramente sería un «influencer» que defiende productos sin ninguna base científica que lo avale. Pero la euforia duró poco tiempo. Al cabo de tres años, comenzó a experimentar las consecuencias: se le empezaron a caer los dientes y su cuerpo se deterioró de forma

ASC

Eben Byers campeón de golf estadounidense.

muy significativa hasta presentar un aspecto, según indican los testimonios de la época, francamente deplorable. Finalmente, falleció como consecuencia de la enorme dosis de radiación que había ingerido durante el tratamiento.

Entrevistas posteriores con el médico que había prescrito el tratamiento a Byers muestran hasta qué punto se subestimaban los riesgos. En ellas negó la relación causal entre el tratamiento y el desenlace, alegando incluso que él mismo consumía el producto sin sufrir efectos negativos. Es probable que desconociera —o no comprendiera plenamente— que los efectos de la radiación son de naturaleza estocástica y no determinista, y que, por tanto, no se manifiestan de la misma forma en todos los individuos. Los efectos que sufrió el deportista fueron muy similares a los de un grupo de mujeres cuya conexión con la radiactividad iba a cambiar la historia de los derechos laborales y los accidentes de trabajo. Estamos hablando de las conocidas como «las chicas del radio».

Para entender cómo se llegó hasta ahí, es necesario situarse en el contexto histórico. A menudo se señala, lamentablemente, que las guerras suelen ser en cierto modo beneficiosas para la ciencia porque generan avances provocados por la necesidad tremendamente rápidos Es un hecho incómodo, pero recurrente, y en el caso de la radiactividad no fue diferente. En esta historia, la I Guerra Mundial actuó como uno de los factores que desencadenaron una serie de acontecimientos decisivos. En este caso, la guerra fue uno de los condicionantes —aunque no el único— que provocó que se generasen una serie de acontecimientos que cambiarían para siempre tanto las normas de protección radiológica como las regulaciones de los derechos de los trabajadores en materia de compensación por accidentes laborales.

Nos encontramos en plena década de 1910. El asesinato de un archiduque en Sarajevo había puesto en marcha una cadena de reacciones que desembocó en un conflicto a escala mundial. Entre 1914 y 1918, Europa se convirtió en un inmenso campo de batalla y, en las trincheras, soldados y oficiales se enfrentaron a un problema aparentemente trivial, pero crucial: conocer la hora. Algo que hoy damos por sentado no lo era entonces, y mucho menos en un frente de guerra.

Fue en este contexto cuando se popularizaron los relojes de pulsera. Hasta ese momento, predominaban los relojes de bolsillo, sujetos con cadena, claramente poco prácticos en combate.

Llevar el reloj en la muñeca permitía consultarlo rápidamente, tanto en el frente como en la vida cotidiana. Sin embargo, estos relojes compartían una limitación importante: en la oscuridad resultaba imposible ver la esfera sin una fuente de luz. En una vivienda eso era una molestia menor; en una trinchera, podía costar la vida.

La pregunta, entonces, era cómo lograr que los números de los relojes se vieran en la oscuridad sin recurrir a fuentes artificiales y de la forma más discreta posible. En un contexto bélico, conocer la hora es fundamental para coordinar operaciones, de modo que se trataba de un problema de primera magnitud. Corría el año 1914 y, pocos años antes, una científica polaca instalada en Francia había descubierto un nuevo elemento —el radio— que parecía ofrecer una solución.

Conviene precisar, no obstante, un punto importante. El radio, por sí mismo, no es fluorescente: una muestra de radio no brilla en la oscuridad, por mucho que se haya representado muchas veces a Marie Curie con un tubo de radio en la mano y un resplandor verde alrededor. A nivel de propaganda para captar la atención está muy bien, pero científicamente es incorrecto. Y en este «pero» está la respuesta al problema, su radiación puede excitar ciertos materiales y hacer que estos sí emitan luz: es decir, puede inducir fluorescencia en sustancias adecuadas. Gracias a esa interacción entre radiación y materia, era posible iluminar en la oscuridad los números de la esfera de un reloj.

Quedaba, por tanto, la cuestión práctica: ¿cómo incorporar radio a un reloj para que su esfera brille en la oscuridad? La respuesta fue el uso de una pintura luminiscente, aplicada sobre números y agujas. Aquí es donde van a entrar en escena las llamadas «chicas del radio», un grupo de trabajadoras que acabarían formando parte de los mártires de la ciencia. La diferencia, sin embargo, es esencial: mientras que otros asumieron riesgos de manera voluntaria en aras del progreso científico —como la propia Marie Curie o su marido—, en este caso el sacrificio se produjo bajo el engaño y las artimañas de un grupo de empresas que las utilizaron para poder obtener beneficio económico.

La pintura existió y tuvo un inventor: el doctor Sabin Arnold von Sochocky, antiguo estudiante de Marie y Pierre Curie. Murió en noviembre de 1928, víctima, irónicamente, de la misma sustancia cuya aplicación había contribuido a popularizar. Von Sochocky, de origen austríaco y formado como físico y médico, fundó la empresa «Radium Luminous Materials Corporation» para explotar comercialmente su invento: una pintura luminiscente basada en radio. El procedimiento era relativamente sencillo: las emisiones de partículas alfa del radio, al impactar con el material sulfuro de zinc, generan luminiscencia. Von Sochocky se dio cuenta de esto e inmediatamente vio la aplicación comercial al poder emplear el material en las pantallas de los relojes para que esa luminiscencia hiciera que se pudiera leer la hora en la oscuridad. De modo que el problema en las trincheras estaba resuelto y, además, dada la gran demanda en el momento de creación de la empresa, nos encontramos con una aplicación de la radiactividad que aparentemente generaría muchos beneficios, no solo económicos, sino que también supondría una ventaja para los soldados en el frente. Todo parece muy bonito y perfecto de no ser por un pequeño detalle: la pintura debe ser aplicada a mano en las esferas de los relojes. De manera que los trabajadores encargados de hacer esto estarían en contacto con el material que contiene el radio y, por lo tanto, quedaban expuestos a la radiación alfa de forma cotidiana. Peor aún: el procedimiento industrial utilizado para afinar el pincel y aplicar la pintura hacía que, de un modo u otro, acabaran incorporando material radiactivo en su organismo. Se daban así las condiciones ideales para uno de los primeros grandes accidentes laborales asociados a la radiactividad. Y no solo en relojes: pronto se descubrió que la pintura podía utilizarse también en otros elementos de la industria militar

—tanques, barcos, aviones— e incluso en objetos de la vida civil, como los números de las puertas de las casas, visibles en la oscuridad. No solo la empresa fundada por von Sochocky empleó la pintura, sino que hubo otras empresas que también vieron una oportunidad con el nuevo material. Y casi todas ellas se ubicaban en los estados de Illinois y Nueva Jersey, siendo una de las más famosas la que se encontraba en la ciudad de Ottawa (no confundir con la capital de Canadá; es otra Ottawa, pero en los Estados Unidos).

¿Y quiénes eran las chicas del radio? Se trató un grupo numeroso de mujeres, y resulta curioso que hoy las asociemos, por simple coincidencia de nombre, a las chicas famosas protagonistas de la serie *Las chicas del cable,* pero en este caso no hablamos de *glamour* ni de historias de amor. Bajo esa etiqueta se agrupa a muchas trabajadoras, pero algunos de los nombres más citados pertenecen a un grupo de cinco chicas de Nueva Jersey: Grace Fryer, Edna Hussman, Katherine Schaub y las hermanas Quinta McDonald y Albina Laurice. Las cinco chicas fallecieron en 1930.

En total, más de cien mujeres se vieron afectadas, de una u otra manera, por su trabajo en el manejo de la pintura con radio para las esferas de los relojes. El procedimiento era tan sencillo como repetitivo. Trabajaban sentadas ante mesas largas, con las esferas alineadas frente a ellas, y preparaban la mezcla con pegamento, agua y polvo. Para aplicarla empleaban una herramienta aparentemente inocente, pero decisiva en esta historia: un pincel.

La aplicación de la pintura era un proceso relativamente sencillo. Mezclaban los componentes, impregnaban el pincel en la pasta luminiscente y la extendían sobre las diminutas esferas de los relojes. El problema era que el pincel debía estar perfectamente afilado para poder aplicar la pintura, dado que estamos hablando de pantallas de relojes de pulsera y los números eran muy pequeños. Al cabo de unas pocas aplicaciones,

Las chicas del radio pintando los relojes con material radiactivo.

los pinceles perdían precisión y debían afilarse de nuevo. Para recuperar esa precisión, las trabajadoras humedecían el pincel con sus labios y volvían a introducirlo en la mezcla, una y otra vez. Con ello, el procedimiento incorporaba de forma sistemática una vía directa de exposición a la radiactividad.

En primer lugar, existía a incorporación directa de material radiactivo a través de la boca: al afilar el pincel con los labios, parte de la pintura —que contenía radio— acababa inevitablemente en el organismo. Este tipo de exposición era especialmente grave por emisiones alfa, que es la más energética. En segundo lugar, estaba la exposición externa debida a la radiación gamma: el isótopo ^{226}Ra emite radiación gamma y, al trabajar sin ningún tipo de protección, las trabajadoras recibían esa radiación de manera continua mientras manipulaban las esferas pintadas. Y aún había una tercera vía: al depositar radio, en particular el isótopo ^{226}Ra, se generaba gas radón que era expulsado al ambiente e inhalado por las propias trabajadoras. A todo esto, se le añade la radiación procedente de todo el material almacenado en los propios talleres.

Quizá, se estén preguntando por qué esta tarea recayó, precisamente, en mujeres. Durante la I Guerra Mundial, en Estados Unidos cuando los hombres se fueron a luchar, las mujeres se quedaron en el país trabajando en la industria de la guerra. De manera que la mano de obra disponible era fundamentalmente femenina. En su gran mayoría, se trataba de mujeres sin apenas cargas familiares y atraídas por un salario bastante bueno para la época: se cobraba entre 15 y 23 dólares de la época a la semana pintando unos 250 relojes al día, trabajando cinco días y medio por semana. Comparadas con las condiciones de otros trabajos de la época, el trabajo en las fábricas de pintura de relojes era muy apetecible. A ello se sumaba un incentivo adicional: se cobraba por producción, de modo que cuanto más se pintaba, más se ganaba. En el pico de demanda de 1919, estas compañías llegaron a fabricar alrededor de 2,2 millones de relojes con pintura de radio. El material, además, tenía un componente casi lúdico: brillaba en la oscuridad. Algunas trabajadoras lo utilizaban incluso como maquillaje para «resplandecer» de noche, y se han conservado anécdotas según las cuales, en ocasiones, grababan su nombre en la esfera antes de enviarla al frente. A veces, el soldado que recibía el reloj respondía con una carta de agradecimiento. Pero no todo era tan maravilloso y las primeras consecuencias no tardaron en aparecer. Al igual que en el caso que hemos descrito antes, los dentistas comenzaron a observar cómo algunas de las chicas que trabajaban en la fábrica comenzaban a tener problemas en la dentadura, incluso a alguna de las chicas se le empezaban a caer los dientes.

Como es natural, las chicas empezaron a preguntar a la empresa por los posibles problemas derivados del uso de la pintura, pero la respuesta fue una negación sistemática. No solo lo negaron todo: pusieron en marcha una auténtica campaña de desinformación. Como vemos, la desinformación no es algo nuevo de nuestros días, ya se había empleado en el caso de las chicas del radio. La empresa atribuyó las enfermedades que empezaban a aparecer entre las trabajadoras a otro tipo de patologías, como por ejemplo la sífilis, enfermedad muy común en la época. Mientras negaban toda responsabilidad, intentaban además reforzar su imagen pública apoyándose en otra parte del negocio: la venta de productos con radio destinados a usos médicos, que —como ya hemos visto— se habían popularizado enormemente en esos años. Incluso algunos residuos del proceso industrial se ofrecían al público como supuestamente beneficiosos, por ejemplo, arenas que contenían radio que se publicitaban como más saludables para los niños que las que contenían barro.

Al problema de poder atribuir la enfermedad a la exposición al radio en el proceso de fabricación de las pinturas se une el hecho de que la sintomatología provocada por esta radiación era parecida a la contaminación por fósforo, con lo que se complicaba todavía más el proceso. Sin embargo, las primeras evidencias no tardaron en acumularse y, en 1922, en la ciudad de Orange en Nueva Jersey, Katherine Schaub comienza a manifestar síntomas graves. Sobre ella se conserva mucha más información que en el caso de la mayoría de las otras chicas. Su caso encaja en el perfil habitual de estas trabajadoras: joven, procedente de una familia trabajadora de clase media, estadounidense y, además, la primera de su familia en haber nacido en suelo estadounidense. Poco después comenzaron también las primeras acciones legales. En 1925 se interpuso una de las demandas más conocidas y, según recogió el periódico de la época *DownToEarth,* Grace Fryer —una de las cinco chicas mencionadas antes— fue la primera en llevar a la empresa ante los tribunales. Grace había abandonado la compañía cinco años antes, en 1920, pero el caso atrajo de inmediato la atención de la prensa. A partir de ahí surgieron más denuncias, como la interpuesta por el grupo denominado «sociedad de los muertos vivientes», formado por Catherina Donohue y otras compañeras que también demandaron a su empresa. Sin embargo, a pesar de tener cierto impacto mediático, aquellas acciones legales se toparon pronto con un obstáculo inesperado: el rechazo social.

Nos situamos ya en la década de 1920, en plena Gran Depresión. Las ciudades donde se asentaban estas empresas veían en ellas una fuente de ingresos especialmente valiosa, y el hecho de que un grupo de trabajadoras demandaran a una compañía que, en apariencia, contribuía a paliar los efectos económicos de la crisis no ayudaba mucho a empatizar con quienes sufrían las consecuencias.

Las enfermedades que sufrían las chicas no eran solamente cáncer. Se documentaron también anemias, necrosis mandibulares, esterilidad, lesiones óseas y así hasta 23 patologías identificadas por el Departamento de Trabajo de los Estados Unidos que se podían atribuir a una posible contaminación por radio. Ya en 1925, varios científicos y funcionarios de la administración estadounidense comenzaban a admitir que la causa de aquellas dolencias era la exposición al radio. La empresa se negó de manera sistemática a aceptar cualquier responsabilidad. Resulta especialmente revelador que no todos los empleados trabajaran en las mismas condiciones: mientras que las operarias manipulaban los materiales con radio sin ninguna protección, el personal científico encargado del diseño de las pinturas sí disponía de pantallas protectoras contra la radiación. En otras palabras, a pesar de negar los efectos públicamente, internamente se sospechaba que algo no iba bien.

En cuanto a los números de la primera demanda —expresados en dólares de 2024—, no se trataba de cantidades muy elevadas: 183 000 dólares para cada una de las afectadas y una renta anual de 11 000 dólares, equivalente a unos 200 dólares semanales durante el resto de la vida de las trabajadoras, además de la cobertura de los gastos médicos y las costas judiciales por parte de la empresa. Sin embargo, ninguna de las cinco mujeres que iniciaron la demanda llegó a ver la resolución, en 1930 ya

Sala en la que se pintaban relojes en la fábrica de United States Radium Corporation.

habían fallecido todas ellas. El proceso judicial comenzó mucho más tarde —en 1937— y el abogado encargado de defender a las demandantes, Leonard Grossman, decide hacerse cargo del caso de manera gratuita. Las razones de ese gesto altruista darían por sí solas para otra historia. En cualquier caso, lo relevante aquí es que la demanda fue asumida por la Comisión de Industria de Illinois, el estado en el que se encontraba la empresa en el momento del litigio, cuestión clave que tendrá importantes consecuencias.

Las demandantes tuvieron, en cierto modo, la suerte de que el caso se tramitara en Illinois, uno de los estados que contaban con una legislación más avanzada en materia de protección de la salud laboral. Ya en 1911 se había aprobado una ley allí de compensación por accidentes laborales que permitió la creación de la Comisión de Industria, el organismo encargado de instruir y resolver este tipo de reclamaciones.

Pasaron varios años hasta que, en 1938, dicha comisión dictó finalmente un fallo a favor de las demandantes, muchas de las cuales desafortunadamente ya habían fallecido. Sin embargo, la justicia fue en parte simbólica: para entonces la empresa demandada había trasladado su sede al estado de Nueva York, de modo que la resolución emitida en Illinois carecía de eficacia real fuera de su jurisdicción. La Comisión evitó abrir un conflicto entre estados, pero el litigio no terminó ahí. Ese mismo año, la Corte Suprema de Estados Unidos resolvió el caso en contra de la empresa y a favor de las demandantes.

Como hemos indicado, muchas de las afectadas ya no vivían entonces. El caso de Catherine es realmente triste: su estado de salud era tan grave y su debilidad tan extrema que no podía asistir al tribunal. Fue necesario, literalmente, trasladar el juzgado a su casa para que pudiera participar en el proceso.

Aun así, el fallo judicial no supuso el fin inmediato del uso de la pintura con radio. Pese a la evidencia acumulada, siguió empleándose durante décadas y en aplicaciones, hasta que la última empresa que la producía este material cerró en 1978. La fábrica de la ciudad de Orange, por ejemplo, fue demolida en 1984, y no fue hasta 2011 cuando la ciudad de Ottawa —Ottawa, en EE. UU., no la capital canadiense— erigió una estatua en homenaje a las chicas del radio.

Las consecuencias de todo el proceso fueron, esencialmente, tres, y tuvieron una gran relevancia para los derechos de los trabajadores. En primer lugar, los trabajadores obtienen el derecho a demandar a su empresa en caso de accidentes o daños como consecuencia de su actividad laboral. En segundo término, se impulsó la creación de procedimientos estandarizados para las empresas y, como consecuencia inmediata, la mejora de las normativas o los estándares existentes en la industria. Estas tres consecuencias a la luz de 2025 nos parecen irrelevantes porque las damos como algo perfectamente establecido y normal. Sin embargo, un siglo atrás no lo eran en absoluto y fue gracias a casos como el de las chicas del radio que se pudieron lograr este tipo de mejoras laborales.

Hay muchas más curiosidades sobre esta etapa que darían por sí solos para elaborar un libro entero. Por ejemplo, ¿qué sucedió con los cadáveres de muchas de estas mujeres? Al poco de terminar la II Guerra Mundial comenzó la Guerra Fría y la investigación sobre los efectos de la radiactividad se aceleró. Los restos de estas trabajadoras, por el alto nivel de contaminación, se convirtieron en un material de estudio excepcional y, debido a su elevada actividad, tuvieron que ser trasladados en ataúdes de plomo para poder ser estudiados con seguridad.

Para finalizar este capítulo, podemos ofrecer algunos números relevantes. Como hemos visto, los efectos de las pinturas empezaron a aparecer entre las décadas de 1920–1930, aunque la pintura luminiscente comenzó a utilizarse en 1917. Se estima que unas 4000 mujeres trabajaron en este tipo de industrias, principalmente en las ciudades de Orange (Nueva Jersey), Waterbury (Connecticut) y Ottawa (Illinois). De ellas, la mitad trabajaron antes de 1927. Se conocen con nombres y apellidos, al menos, los casos de unas 1600 mujeres. Los fallecimientos se acumulaban con rapidez: en 1929 murieron dos trabajadoras por cáncer en la fábrica de Nueva Jersey; en 1931 fallecieron allí 18 mujeres, de las cuales cinco lo hicieron por cáncer; y en 1940, en la planta de Connecticut, murieron 15 trabajadoras, más de la mitad también por cáncer.

El caso de las chicas del radio y el de Eben Byers ilustran con crudeza cómo el fenómeno de la radiactividad se comenzó a utilizar de forma incorrecta y generó las primeras consecuencias fatales. Sin embargo, prácticamente al mismo tiempo que sucedían estos terribles hechos, al otro lado del Atlántico en una Europa en plena guerra, la radiactividad se empezaba a usar para otro tipo de aplicación y se mostraba como una herramienta tremendamente útil para salvar vidas.

7

LA RADIACTIVIDAD COMO HERRAMIENTA
PARA SALVAR VIDAS

L as consecuencias positivas aparecen normalmente al mismo tiempo que las negativas. En el caso de las chicas del radio, una de las consecuencias inmediatas fue una mejora en las condiciones laborales de los trabajadores y la implantación de las primeras medidas de protección radiológica. De manera que, como sucede siempre en ciencia, los nuevos descubrimientos tienen efectos para la humanidad tanto en los aspectos positivos como en los negativos. Son como las dos caras de la misma moneda.

En este capítulo nos vamos a centrar en una de las primeras grandes aplicaciones de la radiactividad que permitió salvar miles de vidas en uno de los más devastadores conflictos del siglo xx, la I Guerra Mundial. Los rayos X permitieron mejorar los diagnósticos y ayudar a salvar muchas vidas de soldados en el frente. El marco en el que la aplicación se extendió a gran escala fue, como hemos indicado, terrible. Entre los años 1914 y 1918, millones de personas perdieron la vida en los campos de batalla europeos. No obstante, en medio de aquella devastación, del caos y de la destrucción, vuelven a destacar dos figuras a las que ya hemos dedicado una porción de este libro: Marie Curie y su hija mayor Irène.

Marie estaba en una de las etapas más duras de su vida tras la muerte de Pierre y el repudio de los franceses. Mientras la I Guerra Mundial estaba en plena actividad, la científica polaca contribuir de forma directa a su país de adopción, el mismo que casi la había repudiado como consecuencia de su romance con Paul Langevin. Puso entonces todo su conocimiento al servicio de una aplicación práctica: ayudar a los soldados franceses que luchaban en el frente, en ocasiones a apenas a unos kilómetros de París.

Llegados a este punto, es imprescindible mencionar otra figura sin cuya aportación la contribución de Marie al salvamento de miles de vidas de soldados nunca hubiera sido posible. Se trata de un personaje poco conocido fuera de círculos especializados y ausente, casi siempre, de los grandes relatos sobre la historia de la ciencia. No es de esos grandes nombres en los que pensamos cuando hablamos de física o de ciencia. Sin embargo, sin sus contribuciones, Marie Curie posiblemente no hubiera podido poner en funcionamiento sus unidades radiológicas móviles —las famosas *petites Curies*— o, de haberlo hecho, habría necesitado mucho más tiempo y posiblemente habría llegado tarde.

Se trata del español Mónico Sánchez Moreno. Nacido un 4 de mayo de 1880 en Piedrabuena (comarca de Los Montes, Ciudad Real) a 21 km de la capital de la provincia que, según datos de 2024, tiene una población de 4345 personas. Se trata de uno de esos municipios de la llamada España vaciada. A principios del siglo xx, era un lugar donde la ciencia apenas tenía cabida, por lo que la existencia de una figura como la que vamos a describir era extremadamente rara. La historia de este piedrabuenero sería perfecta para el guion de una de esas películas que nos muestran a personas hechas a

Marie Curie en una unidad radiológica móvil.

sí mismas y que son capaces de vencer todas las dificultades a pesar de venir de un origen muy humilde.

En aquella época, como en tantos otros lugares de España, la mayor parte de los habitantes de Piedrabuena eran analfabetos. Mónico enseguida empezó a mostrar inquietud y, con unos pequeños ahorros tras la venta de su primer negocio, reunió el dinero suficiente para trasladarse a la gran capital, a Madrid, para poder hacer realidad su sueño: estudiar ingeniería eléctrica —a pesar de no haber cursado bachillerato—. Su objetivo resultaba complicado de alcanzar, pero ahí fue donde su carácter luchador salió a relucir. Se acabó decantando por estudiar ingeniería eléctrica en un curso por correspondencia —recordemos que estamos hablando de principios del siglo xx—. Fue en ese momento que tuvo que afrontar un reto mayor si cabe porque dicho curso era en inglés, lengua que Mónico no dominaba ni conocía. No obstante, enseguida consiguió familiarizarse con el idioma por escrito y llamó la atención del director del curso, que le facilitó una recomendación para un trabajo en una empresa de Estados Unidos. Y de ese modo, Mónico emprendió la aventura de viajar a los Estados Unidos en el año 1904 con unos pocos dólares en el bolsillo, como tantos otros europeos que hacían el mismo trayecto. Esta experiencia le resultaría impactante, pues al llegar a Nueva York, escucha por primera vez el inglés hablado.

Una de las anécdotas más curiosas que le sucedió fue cuando a punto estuvo de no poder viajar a Estados Unidos. Casi pierde el barco que tenía que llevarle de Cádiz a Nueva York. ¿El motivo? Un tema burocrático. Para poder hacer el viaje, Mónico debía presentar un certificado de exención del servicio militar. En apenas tres días tuvo que ir de Madrid a su pueblo natal para pedir la documentación. Después de tomar dos trenes recorrer unos 25 km, obligó al secretario a salir literalmente de su cama para que le firmara el certificado.

En Nueva York, uno de los problemas que pronto intentó resolver fue la producción de los famosos rayos X. Recordemos que para poder producir los rayos X es necesario energía. La generación de rayos X depende entre cosas de que exista un potencial eléctrico que permita el movimiento de electrones entre el cátodo y el ánodo. Mientras la máquina no está encendida, ese potencial no se puede generar y en consecuencia no se pueden producir rayos X. El problema que presentaban los rayos X en aquella época era que solo se podían producir con equipos muy voluminosos y pesados. Esta circunstancia los hacía muy poco prácticos para el trabajo de campo y que solo estuvieran disponibles para un público pequeño y en determinados lugares. Mónico decide atajar el problema y lo consigue. En 1913, Mónico regresa a su Piedrabuena natal y monta una fábrica para la producción de nuevos equipos de rayos X. Estamos a apenas un año del comienzo de la I Guerra Mundial, nadie se imagina que los nuevos equipos que ha montado un inmigrante retornado de los Estados Unidos van a ser los responsables de salvar miles de vidas en el conflicto que se avecina.

Pero ¿cómo consigue Mónico modificar el diseño de las máquinas de rayos X para hacerlas portátiles? Como el descubrimiento de los rayos X estaba libre de patentes por decisión del propio Röntgen, Mónico pudo coger dicho diseño y trabajar con él para mejorarlo. Antes de continuar debemos hacer referencia a una de las disputas más interesantes de la historia de la física: Thomas A. Edison y Nikola Tesla. Edison era partidario de la corriente continua, mientras que Tesla prefería la corriente alterna. Pero, a pesar de la conocida confrontación entre ambos, esto no era obstáculo para que estuvieran presentes en las ferias de ciencia, exhibiendo cada uno de ellos los avances de sus propias fábricas: Edison con General Electric y Tesla con Westinghouse. En medio de esta discrepancia internacional, en 1909, Mónico se decanta por aplicar las ideas de corriente alterna de Tesla. Ese mismo año, patenta en varios países europeos (España, Francia y Gran Bretaña) y en Estados Unidos un generador de corriente eléctrica portátil que es capaz de suministrar la corriente necesaria para generar los rayos X. Se trataba de un equipo de 10 kg frente a los casi 400 kg de los equipos iniciales. Sesenta de esos dispositivos fueron vendidos a Francia para formar parte de las *petites Curies*. Además de este invento, Mónico llegó a desarrollar unos prototipos de aparatos que en su época fueron calificados casi de locura, nadie pensaba que pudieran ser útiles ni tener futuro, se llamaban teléfonos móviles.

En 1910, Mónico viaja hasta Barcelona para exponer su invento de mejora de la máquina de rayos X en el 5.º Congreso Internacional de Electrología y Radiología médica. Este evento fue de gran importancia y es considerado el inicio de la radiología en Europa. El piedrabuenero se dedicó a realizar demostraciones de su invento durante todo el congreso y resultaron ser un verdadero éxito, no es para menos. Debemos tener en cuenta que los equipos originales que se encargaban de producir los rayos X —además de pesar 400 kg— necesitaban un

Mónico mostrando a un médico su aparato de rayos X portátil.

transformador de corriente de 50 Hz. Mónico con su innovación convierte las pesadas máquinas en dispositivos portátiles con transformadores de 7 MHz que producen una corriente de 100 000 V con apenas 3 A de consumo empleando alta frecuencia. Como habíamos indicado antes, básicamente empleó las ideas de Tesla de la corriente alterna en su dispositivo. De forma que los instrumentos de Mónico podían funcionar empleando tanto corriente continua como corriente alterna.

Como no cabía esperar de otra forma, la atención de la comunidad científica hacia el invento de Mónico fue casi inmediata. Por ejemplo, el doctor español Casiano Ruiz Ibarra adquirió una de las máquinas de Mónico para llevársela a París y poder hacer una demostración ante la Sociedad Francesa de Radiología. En mayo de 1914, dicha demostración no podría haber llegado más a tiempo ni haber sido más oportuna. Faltaban tan solo unos pocos meses para que en la ciudad bosnia de Sarajevo el archiduque Francisco Fernando de Austria fuera asesinado y de esta manera se desatara una reacción en cadena que desencadenaría la I Guerra Mundial. Casiano Ruiz puso de manifiesto la versatilidad del equipo y las aplicaciones que podía tener. Llamó mucho la atención y los asistentes quedaron muy satisfechos con lo que vieron. La portabilidad del invento de Mónico era el punto fuerte del nuevo instrumento porque, de este modo, a partir de este momento ya no se necesitarían instalaciones grandes y muy caras para poder producir los rayos X. El nuevo invento cambió de forma radical el panorama y, de repente, los rayos X estaban disponibles para casi todo el mundo que los necesitara y donde hicieran falta.

A los pocos meses de estallar la I Guerra Mundial, el Gobierno francés encarga a Mónico las primeras diez unidades de su nuevo invento. Era la primera vez que se iban a usar los rayos X con equipos portátiles en el campo de batalla. La aplicación era muy obvia: tratar las heridas de los soldados directamente en el frente sin esperar a llevarlos a un hospital. Tras su éxito, se encargaron otros cincuenta equipos. Aunque pueda parecer que este conflicto fue el pistoletazo de salida para el uso de rayos X portátiles en conflictos armados, no es exactamente correcto. Entre 1911 y 1927, España y Marruecos se enfrentaron en la famosa guerra del Rif. Un año después de su comienzo, Mónico ofrece de forma gratuita al Gobierno español una de sus nuevas máquinas. En total, y en apenas cuatro años, Mónico llegó a instalar unas ochocientas de estas nuevas máquinas en muchas ciudades españolas, llevando la técnica de los rayos X y la radiología médica a lugares alejados de las grandes ciudades.

La vida de Mónico no fue nada fácil a pesar de recibir diversas condecoraciones. Fue testigo de la muerte de su mujer y de casi todos sus hijos. Sufrió el horror de la guerra civil española y de ser perseguido por ambos bandos. Resistió la autarquía, la cual afectó enormemente a la capacidad de producción de sus fábricas al no poder importar materiales ni piezas.

En 1961, a los 82 años, Mónico fallece en el mismo pueblo que le vio nacer.

Así fue cómo un español que tuvo la osadía de emigrar a los Estados Unidos con unos pocos dólares en el bolsillo populariza una técnica que le va a servir a Marie Curie para desarrollar sus unidades móviles de rayos X, las *petites Curies*. Pero regresemos a los primeros meses de la I Guerra Mundial, cuando el Gobierno francés decide proteger el recientemente inaugurado Instituto del Radio —y, por tanto, el laboratorio de Marie Curie— y lo traslada de forma temporal de París a Burdeos. El traslado no fue demasiado ortodoxo desde nuestra perspectiva actual, sin ningún tipo de protección radiológica la científica metió todo el radio que tenía Francia en su posesión (1 g) en una cajita blindada con plomo y tomó un tren en el que también iban varios oficiales del Gobierno.

La repudiada Marie estaba firmemente decidida a ayudar a Francia en el conflicto bélico, ya que no había podido interceder por su país natal. Estaba convencida de que, si en el campo de batalla los servicios médicos fueran capaces de emplear unidades de rayos X sobre el terreno, se podría mejorar mucho el diagnóstico y de esta forma salvar muchas más vidas. Por ello, crea el servicio de radiología militar en Francia que, a finales de 1914, está a pleno rendimiento.

Marie estaba convencida de la utilidad de los rayos X para tratar las heridas de los soldados en la guerra y tiene la idea de crear las unidades portátiles para llevar los rayos X al frente. Convence al Gobierno francés para que la nombre directora del servicio radiológico de la Cruz Roja y habla con los fabricantes de automóviles para convencerles de adaptar sus vehículos para transportar los equipos de rayos X que Mónico había diseñado. Pero aquí había un problema: Marie Curie no había trabajado nunca con rayos X. Naturalmente, en sus clases en la universidad había explicado la naturaleza de los rayos X, pero no tenía experiencia práctica, tan solo tenía el conocimiento teórico. Era una mujer tremendamente tenaz, por lo que decide formarse por su cuenta en el manejo práctico de los rayos X y en anatomía. Además, tomó como ayudante a la mejor persona en la que podía pensar, su hija mayor Irène de apenas 17 años.

Así, en el mes de octubre de 1914, las primeras unidades portátiles equipadas con los equipos de Mónico inician la flota de las que se conocerán como las *petites Curies*. En total se van a emplear solo en el primer año de la guerra 20 unidades móviles y 280 unidades radiológicas. Además, desarrolla unas cápsulas de radio que emanan radón, las cuales se van a emplear como esterilizante para tratar tejidos. Se calcula que más de 1 000 000 de soldados recibieron tratamiento con las unidades de la científica polaca, las *petites Curies*.

En las notas autobiográficas de Marie Curie aparecen tanto menciones a las *petites Curies* como comentarios sobre cómo al inicio de la Gran Guerra no había unidades radiológicas en el ejército y cómo decidió dedicar todos sus esfuerzos a preparar las primeras unidades entre los meses de agosto y septiembre de 1914. Naturalmente, ella sola no podía hacer todo el trabajo, por lo que recluta voluntarios.

¿Cuándo se emplean por primera vez estas unidades? En el mes de septiembre de 1914, los alemanes se aproximaban a la capital de la República de Francia, pero un error al enviar una transmisión de radio no codificada alertó a las fuerzas aliadas de los problemas que tenían las tropas alemanas. De manera que se inició la batalla del río Marne, que fue una de las primeras victorias de los aliados y a la postre un punto de inflexión en el conflicto que todavía duraría muchos años. De algún modo se transformó en una guerra de trincheras como las que tantas veces hemos visto en películas. Esta fue una de las batallas más sangrientas de todo el conflicto. Se estima que unos dos millones y medio de soldados de los ejércitos alemanes, belgas, británico y francés participaron y tan solo en una semana se perdieron la vida unas 500 000 personas.

En este escenario fue donde las primeras *petites Curies* harían su debut. En las propias palabras de Marie, la primera unidad móvil que se creó consistía en un coche adaptado para el transporte de un equipo radiológico completo. El vehículo incluía una dinamo que, alimentada por el motor del propio vehículo, que se encargaba de proporcionar energía al equipo de rayos X. Del mismo modo indica Marie cómo en el momento del estallido de la Gran Guerra los servicios de salud de Francia no estaban muy bien organizados ni preparados para todo el trabajo que iban a tener. Esto además se vio agravado por la rapidez con la que se fueron desarrollando los acontecimientos desde el inicio de la guerra. En apenas unos pocos meses todo el continente estaba involucrado.

Marie fue siempre una mujer tremendamente observadora y muy meticulosa en su trabajo. Su propio diario de laboratorio es un ejemplo de esto. Y gracias a esa capacidad se dio cuenta de forma muy rápida de la tremenda utilidad que los rayos X tendrían para los cirujanos, médicos y personal sanitario desplazado al frente. Pero existía un problema al inicio de la guerra en Francia, aunque la creación de nuevos hospitales se llevó a cabo de forma muy rápida, no se les dotó de los medios radiológicos adecuados para poder aplicar las nuevas técnicas. Para resolver este problema Marie se dedicó a juntar poco a poco todos los equipos de rayos X que pudo encontrar en Francia. Buscó no solo en laboratorios, sino en cualquier lugar donde pudiera haber un aparato capaz de generar rayos X. Esta anécdota es curiosa porque es fácil imaginar a la propia Marie, la única mujer ganadora dos veces del Premio Nobel, ir por toda Francia en pleno inicio de la I Guerra Mundial buscando casi hasta debajo de las piedras equipos generadores de rayos X.

Pero la batalla del Marne es el punto decisivo en el que Marie es plenamente consciente de la escasez de equipos. Sobre todo, porque había soldados heridos que se encontraban lejos y no tenían tiempo para llegar a los hospitales. Y aquí es donde

Marie hace realidad la frase famosa de «si Mahoma no va a la montaña…». Por lo que decide llevar los rayos X al frente, casi a las propias trincheras.

No es difícil encontrar la descripción de los componentes que tenían aquellos equipos portátiles de rayos X. Estaban formados por una dinamo, un equipo portátil de rayos X junto con el correspondiente material fotográfico, cortinas, pantallas, guantes para protegerse las manos y podían circular a una increíble velocidad máxima de hasta 50 km/h, lo cual para la época no estaba nada mal. Además, disponían de una pequeña sala oscura para poder realizar *in situ* sobre el terreno el revelado de las fotografías que se tomaban.

No obstante, a pesar de que los *petites Curies* fueron una auténtica revelación y supusieron un avance enorme en las técnicas de diagnóstico que permitieron salvar miles de vidas de soldados en el frente, generalmente no se habla de las medidas de protección radiológica. Es posible que esto fuera en lo que menos se pensara en su momento, dado que lo importante era salvar vidas y atender a los heridos en el frente de la manera más rápida y mejor posible, de modo que la protección radiológica quedaba relegada a un segundo plano. Marie Curie y su hija Irène tampoco repararon mucho en este tema y apenas usaban medidas de protección más allá de guantes para poder manejar los equipos.

Por otro lado, y este aspecto es muy importante, las personas que estaban manejando las unidades eran mujeres. ¿Dónde se realizaban su labor? Como ya se ha indicado, el campo de acción de las *petites Curies* eran las trincheras y la retaguardia del ejército francés. El hecho de que mujeres viajaran a bordo de un coche con una tecnología absolutamente desconocida era algo que generaba cierto rechazo entre los soldados y el ejército en general.

La falta de formación, la falta de unidades radiológicas, fue algo que Marie Curie siempre denunció y, después de la

José Luis Gutiérrez.

Detalle de un equipo de rayos X de principios del siglo xx en el Hospital de San Pau en Barcelona.

batalla del Somme, quedó de manifiesto de forma mucho más evidente. Estamos hablando de una de las peores batallas de la I Guerra Mundial, en la que tan solo en el primer día los soldados británicos sufrieron casi 60 000 bajas. En total, casi un millón de soldados perdieron la vida en este frente de unos 40 km al norte y sur del río Somme en el norte de Francia. A raíz de esta nueva batalla, Marie Curie decidió utilizar el Instituto del Radio para crear una escuela radiológica que enseñase a las mujeres el manejo de la técnica de los rayos X.

La radiactividad proporcionó herramientas para salvar vidas, pruebas de ello fue su uso en uno de los mayores conflictos bélicos de la historia. La I Guerra Mundial puso de manifiesto cómo una intrépida Marie Curie empleando equipamiento desarrollado por un emprendedor español fueron los ingredientes clave para lograr avances sustanciales en medicina dentro de un marco cronológico violento y trágico. Pero que nunca se nos olvide los peligros que la radiactividad esconde.

8

LA RADIACTIVIDAD COMO HERRAMIENTA PARA ACABAR CON LA VIDA

Afortunadamente la I Guerra Mundial terminó y a su final pareció que el desarrollo de las teorías de la radiactividad estaba ya prácticamente completo y que poco quedaba por descubrir. Seguramente esta frase ya nos resulte conocida. ¿Se acuerdan de «todo está hecho en física y no queda nada por descubrir, tan solo ajustar un poco los cálculos»? Con la radiactividad ocurrió también algo parecido. La mayoría de los científicos que estaban trabajando con la radiactividad apenas podían ni siquiera imaginar lo que estaba por venir y los extraordinarios descubrimientos que se iban a producir en las décadas siguientes. ¿O sí los había?

Los años que siguieron al descubrimiento de la radiactividad fueron frenéticos. Los descubrimientos se sucedían de forma tremendamente rápida, ya fueran nuevos elementos o aplicaciones. Se trataba de una disciplina que acababa de nacer y a la que se habían dedicado nombres de gran relevancia en la física: Curie, Becquerel, Rutherford…

La sociedad avanzaba igualmente a pasos de gigante. De repente, las personas podían viajar de un lugar a otro de forma tremendamente rápida usando un coche o un avión. Ya no había oscuridad en las calles, pues la iluminación eléctrica de las ciudades comenzaba a extenderse. Y algo realmente revolucionario, sobre todo para la colaboración científica: se podían enviar mensajes de una persona a otra de forma casi instantánea mediante el uso del teléfono y del telégrafo. Todos recordamos la escena de la película *Titanic* cuando el SMS se envía usando ese método moderno que era el telégrafo. Y no hablemos de otras disciplinas como el arte o incluso el cine, que acababan de nacer, aunque en aquel momento sin palabras y en blanco y negro.

Aunque la I Guerra Mundial había puesto freno a muchos de los avances descritos, por otro lado, aceleró otros muchos. Y casi se pensaba que estaba todo hecho. Casi, y es un «casi» con mucha importancia, pues a pesar de haber avanzado en apenas algunas décadas de una forma enorme, los grandes interrogantes de la nueva disciplina seguían sin tener respuesta. Por ejemplo, ¿por qué el átomo era capaz de generar tanta energía? ¿Cuál era el mecanismo que producía los decaimientos radiactivos? ¿Cómo era posible explicar ese comportamiento aparentemente caprichoso que hacía que unos núcleos se desintegraran de forma natural mientras que otros núcleos de otros elementos no lo hacían? Esas eran algunas de las preguntas básicas que podrían explicar el fundamento de la radiactividad. Hubo que esperar a que finalizara la contienda bélica para que se desarrollaran dos teorías físicas que a los estudiantes nos han complicado la existencia alargando nuestros estudios algunos años. Hablamos de la relatividad general de Einstein y la mecánica cuántica.

Estas dos teorías, cada una con sus formulaciones diferentes, iban a servir para dar respuesta a varios de los interrogantes que la radiactividad acababa de abrir. Y de esta manera se iba a abrir una «caja de Pandora» de la física. Poco a poco se estaban sentando las bases de la que sería una disciplina nueva en ciencia, que iba a ser prácticamente consecuencia de las investigaciones en radiactividad y que iba a terminar por absorberla. Como si dijéramos que el alumno va a superar al maestro. Estamos hablando de la física nuclear y de la física de partículas.

Y en esta transición de nuevo tenemos un nombre tremendamente relevante, el señor Rutherford. En los años de finales de la I Guerra Mundial, se encontraba en su laboratorio realizando experimentos con un tipo de partículas muy grandes, las alfa. Estas a nivel atómico son como grandes balones de fútbol. Además de grandes y pesadas, tiene mucha energía. Junto a él se encontraban trabajando sus estudiantes, algunos de los cuales hicieron contribuciones espectaculares, como fue el caso del descubrimiento del gas radón y Harriet Brooks. Otro de los estudiantes que va a tener una importancia vital será Ernest Marsden. Antes de que comenzara la I Guerra Mundial, Marsden había observado átomos de hidrógeno que se movían a gran velocidad. Pero la guerra paró este experimento hasta que Rutherford lo retomó tiempo después. ¿Cuáles eran las razones para que esos curiosos átomos de hidrógeno se movieran más rápido de lo que deberían? ¿Por qué se comportaban de forma tan extraña? Rutherford pensó que podría ser que los átomos de hidrógeno interactuaran con el nitrógeno que había en el aire. Vamos, dicho de otro modo: al jugar con las partículas alfa, parecía que estas provocaran a los átomos de nitrógeno para que se volvieran radiactivos y se desintegraran produciendo átomos de hidrógeno que escapaban a mucha velocidad. Pero había algo que el gran Rutherford no era capaz de explicar, para él estaba claro que las partículas alfa albergaban una extraña incógnita. Un hecho sobre el que sí estaba seguro era que estas eran capaces de arrancar átomos de hidrógeno de otras sustancias. Por tanto, si esto era posible, entonces puede que el hidrógeno fuera algo así como el ladrillo que permite construir los otros elementos. Aunque también podría ser posible hacer algo un poco más radical usando las partículas beta. Golpear la materia para que se pudiera romper y de esta forma poder estudiar su interior. ¿Sería esto posible?

Hagamos una analogía más sencilla. Imaginemos que queremos estudiar la composición de un bloque de piedra que es totalmente macizo. ¿Qué hacemos para conocer de qué está compuesto? Lo tenemos que romper. ¿Cómo lo romperíamos? Usando una maza con intensidad. Eso mismo, pero a escala atómica, es lo que comenzaba a hacerse en la comunidad de físicos en los años veinte y que va a tener unas consecuencias enormes, tanto positivas como negativas. Para incrementar la fuerza, tenemos que proporcionar toda la energía posible a las partículas. Una forma de hacerlo era acelerando las partículas a escala atómica todo lo posible. Y es así como en comienzan a aparecer los famosos aceleradores de partículas, ejemplo de ello son los aceleradores lineales y los sincrotones.

Como venimos haciendo durante todo el libro, no perdamos de vista la perspectiva. No han pasado ni treinta años desde que Marie Curie había descubierto el radio y el polonio. Apenas tres décadas de avances en el estudio de la radiactividad y los físicos estaban ya trabajando en estudiar la estructura interna de la materia empleando aceleradores de partículas subatómicas que ni tan siquiera era posible observar a simple vista. Todo esto con la tecnología de los años veinte, donde los cálculos obviamente se hacían de forma manual y los científicos ni siquiera podían soñar con algo que ahora nos parece normal, los ordenadores e internet. Nada de eso existía en el nacimiento de la física nuclear y de partículas. Todo este gran avance fue posible llevarlo a cabo con la colaboración de los numerosos científicos que trabajaban en radiactividad. En un libro de texto de los años veinte, *Radioaktivität*, se llegan a citar e incluir resultados de 1561 autores de la época. En 1931, Rutherford publica también su propio libro de texto titulado *Radiations from radioactive substances*.

Foto de grupo tomada en la fiesta de despedida de James Franck del Instituto Kaiser Wilhelm, 1920. Entre los asistentes se encontraban Albert Einstein, Fritz Haber, James Franck, Lise Meitner y en el extremo derecho, Otto Hahn.

Pero, como venimos diciendo, a pesar de todos los avances, de la aparición de nuevas teorías físicas, de la mecánica cuántica, de la relatividad general, etc., seguía habiendo serios interrogantes sobre cómo descifrar la estructura del núcleo de los átomos y poder entender las energías envueltas en los procesos de desintegración radiactiva. Todavía no se encontraba una respuesta que convenciera a los científicos de la época. Los años 20 y 30, que son una auténtica edad de oro de la física teórica en el siglo xx. Las nuevas teorías que se habían desarrollado y que hemos mencionado se iban a empezar a aplicar al estudio del átomo y así se comienzan a descubrir nuevas partículas, al principio de forma teórica. Más adelante, los experimentos se encargarán de ratificar los hallazgos teóricos o de cuestionarlos. Y de esta forma seguirá siendo hasta nuestros días, el famoso bosón de Higgs será una de las últimas partículas predichas de forma teórica y confirmada de forma experimental muchos años más tarde.

El estudio de la estructura interna de la materia usando partículas que se generan en las desintegraciones radiactivas da paso al nacimiento de una disciplina en física totalmente desconocida en aquella época, la física nuclear. Y así se celebra en Roma el primer congreso internacional de esta nueva disciplina entre el 11 y el 18 de octubre de 1931. La importancia de este es fundamental en el estudio de la historia de la radiactividad y la física nuclear y merece la pena dedicar unas líneas a explicar cómo fue este encuentro de científicos. La fundación Volta fue la que organiza del congreso tras la idea del famoso físico italiano Enrico Fermi. Asisten los científicos más relevantes del momento: Marie Curie, Niels Bohr, Robert Millikan, Arthur Compton, Guglielmo Marconi, Werner Heisenberg, Otto Stern, Léon Brillouin, Ettore Majorana, Paul Ehrenfest, Arnold Sommerfeld, etc. Hasta un total de siete premios nobel participan en el evento y los que no, lo serían tiempo más tarde.

A los pocos años de este congreso se produce una cascada de descubrimientos: el neutrón por James Chadwick, el positrón por Carl D. Anderson, la teoría de la desintegración beta por Enrico Fermi, etc. Y es que la década de 1930 va a ser tremendamente prolífica en avances en el campo de la radiactividad o cada vez más común la física nuclear y la de partículas. En el año 1934, el apellido Curie salta de nuevo a la fama, pero en esta ocasión por Irène Joliot-Curie. Irène, que junto con su marido Frédéric Joliot, descubre algo realmente fascinante y que permite dar un paso de gigante en el desarrollo de la radiactividad. La pareja es capaz de generar en el laboratorio fósforo, pero radiactivo. Acababan de descubrir la radiactividad artificial. Ahora ya era posible volver radiactivas sustancias que por su composición no lo son. Y se abre la puerta a un campo totalmente nuevo de aplicaciones, tanto beneficiosas como terribles para la humanidad.

La posibilidad de usar isótopos artificiales permite muchos avances en campos que hasta el momento se encontraban inexplorados. Y cuatro años después del descubrimiento de la radiactividad artificial, en plena Alemania nazi, los físicos Otto Hahn, Fritz Strassmann y una física austriaca Lise Meitner van a descubrir la fisión nuclear. Para poder explicar en qué consiste la fisión nuclear, podemos decir que esencialmente se trata de la ruptura del núcleo de un átomo inestable en dos pedazos. Al sumar la masa de los dos pedazos resultantes de la ruptura, se observa que es menor que la del núcleo original. ¿Ha desaparecido parte de la masa? ¿Cómo es posible? No ha desaparecido nada y la diferencia de masas es energía. Años antes, Albert Einstein había expresado esta idea con una de las afirmaciones más célebres de la historia de la física: la masa y la energía no son magnitudes independientes, sino dos formas de una misma realidad. En otras palabras, la masa puede transformarse en energía. Lo decisivo es que esa equivalencia está mediada por la velocidad de la luz, y no de cualquier manera, sino por el cuadrado de dicha velocidad: la velocidad de la luz multiplicada por sí misma. Como esa velocidad es enorme —la mayor que puede alcanzarse en el vacío—, incluso una cantidad diminuta de masa puede convertirse en una cantidad gigantesca de energía. Por eso, en una fisión nuclear se libera una energía extraordinaria.

Pero no adelantemos acontecimientos y vamos a explicar un hecho crucial en el desarrollo de la física de partículas, que es la partícula que es capaz de romper el núcleo del átomo y de la que ya hemos hablado. Nos referimos al neutrón, descubierto por un científico también muy neutro o muy humilde como es James Chadwick. Rutherford, años antes del descubrimiento de Chadwick, ya había predicho de alguna manera que debía existir una partícula que no tuviera carga, pero sí una masa similar a la del protón. Sería algo así como si un protón y un electrón estuvieran unidos, como un sistema solar en miniatura. Doce años más tarde de esta hipótesis de Rutherford, Chadwick se encontraría la partícula, el neutrón, y naturalmente recibiría el Nobel por este descubrimiento.

James Chadwick era un chico bastante normal que procedía de una familia absolutamente humilde, los recursos de su familia eran muy limitados. Sin embargo, a los dieciséis años consigue dos becas para poder estudiar matemáticas y física en la Universidad de Manchester. Su primera opción no fue la física, sino las matemáticas, pero dio la casualidad de que se equivocaron al inscribirlo. Entre sus profesores se encontraba nada menos que Rutherford. En 1911 termina los estudios de física con unas calificaciones excelentes. Era un chico muy reservado, aunque los que le conocieron pensaban todo lo contrario. Al terminar la carrera, participa en tareas de investigación y se interesa por las nuevas teorías que Bohr comenzaba a expresar sobre el átomo. Muy pronto Chadwick comienza a caminar por libre y muestra mucho interés por estudiar el misterioso espectro de la desintegración beta.

Vamos a hacer un breve paréntesis para recordar los tres tipos de desintegración radiactiva que existen: alfa, beta y gamma. Sin ánimo de entrar en explicaciones demasiado técnicas, podemos decir que la desintegración beta es realmente misteriosa porque su espectro de energía es diferente al del resto de desintegraciones. La radiación beta tiene un espectro de energías continuo, mientras que la radiación alfa y la gamma tienen espectros de energía discretos, es decir, con líneas perfectamente marcadas a determinadas energías. Precisamente esto es algo a lo que Chadwick presta mucha atención y en lo que aparentemente nadie había reparado. Tampoco era algo que se pudiera explicar. Habría que esperar a los años treinta a que Wolfgang Pauli explique teóricamente que recibirá su comprobación experimental en 1950.

Nuevamente tenemos que referirnos a la guerra como protagonista al hablar de Chadwick. La I Guerra Mundial y su estallido le pillan en Berlín trabajando con Hans Geiger —el desarrollador del famoso contador usado en radiactividad—, lo que pone fin a su colaboración. Aunque Chadwick consigue sobrevivir al conflicto bélico, lo hace de una forma curiosa porque, al encontrarse en Berlín cuando estalla la guerra, es apresado y enviado a un campo de internamiento. Durante el tiempo que está preso continuó con sus experimentos empleando la famosa pasta de dientes radiactiva. Al terminar la guerra, Chadwick retoma su trabajo investigando siempre bajo el paraguas de Rutherford y se reencuentra con Geiger en 1928. Este último le proporciona un contador nuevo, pero lamentablemente no le sirve porque solamente mide radiación y no discrimina tipo.

Tanto Chadwick como Rutherford trabajaron durante un tiempo bajo la hipótesis de que el núcleo de los átomos no está formado solo por protones y electrones, como se pensaba hasta la fecha. Los experimentos indicaban que no podía ser de esa forma, pero sí se encontraba una explicación teórica. Los cálculos realizados con los modelos teóricos aceptados hasta el momento indicaban que era perfectamente posible que el núcleo estuviera formado por protones y electrones. Chadwick, a pesar de todo, seguía pensando que no era correcto y aquí es donde de nuevo la colaboración entre científicos se muestra como crucial para el avance de la ciencia. En este punto vamos a mencionar a una científica que colabora con Chadwick, la austríaca Lise Meitner. Esta le proporciona un material que solamente emite radiación alfa, el polonio. Cuando se bombardeaba polonio contra el berilio, se producía una forma de radiación extraña no observada hasta entonces. Chadwick pensaba por un primer momento que eran neutrones. Como ya hemos indicado, el neutrón es una partícula muy amigable entre la familia de partículas porque no perturba a las demás al no tener carga y eso le permite viajar libremente por todos los lugares.

Por otro lado, Irène y su marido Frédéric habían estado trabajando con parafinas, polonio y berilio. Habían observado que se producía también una nueva radiación no observada hasta la fecha, pero cometieron el error de no darse cuenta de que esa radiación «extraña» en realidad eran neutrones que se estaban produciendo en las interacciones. Esto fue algo de lo que Chadwick sí se dio cuenta. Y así, en el mes de febrero de 1932, publica el artículo en el que anuncia el descubrimiento de manera experimental de una partícula nueva, el neutrón. La comprobación experimental de su existencia fue un hecho que modificó por completo el modelo que se tenía del núcleo atómico, puesto que al considerar que es el neutrón y no el electrón el que forma parte del núcleo, todo comenzaba a encajar y los fenómenos extraños que se habían estado observando en este momento ya contaban con una explicación.

Gracias al descubrimiento del neutrón, Chadwick recibiría el Premio Nobel de Física en 1935. Se trata de un descubrimiento crucial en la historia de la radiactividad porque, de repente, se abren muchas puertas a nuevas aplicaciones de las radiaciones. Hasta el momento en el que se descubre el neutrón, solo se trabajaba con partículas que tenían carga, lo cual tenía sus problemas, entre otros motivos por las distancias que las partículas cargadas pueden recorrer antes de que interaccionen. Esto es como si las partículas cargadas hablaran unas con otras y se dijeran mutuamente en algún momento de su viaje: «Por aquí no puedes pasar o, si pasas, te destruyo». En el caso del electrón, esto va a ser diferente porque, al no tener carga, las otras partículas no se dan cuenta de que está merodeando a su alrededor y le dejan pasar. De manera que puede circular como quiera y, por lo tanto, incluso penetrar en el núcleo de los átomos. Es exactamente esta propiedad la que va a tener un desarrollo espectacular en los años siguientes a su descubrimiento.

De este modo ya tenemos todos los materiales para lo que va a ser el hito siguiente en la historia de la radiactividad: el descubrimiento de la fisión nuclear. Y aquí tenemos que mencionar sí o sí dos nombres que ya hemos mencionado anteriormente, pero que en el campo de la fisión nuclear cobran una importancia crucial: Otto Hahn y Lise Meitner, a quien Einstein denominaba la Marie Curie alemana, aunque ella era austriaca. Marie y Lise presentan ciertos paralelismos en sus vidas. Ambas fueron mujeres que tuvieron que superar muchas dificultades para poder desarrollar una carrera investigadora. En el caso de Lise, sus comienzos fueron realmente duros: sus primeros trabajos los realizó sin percibir sueldo alguno y malviviendo con el dinero que le enviaban sus padres desde Viena. Durante aquellos años iniciales, su vida como investigadora transcurrió, en esencia, a base de pan y café.

Lise aprendió de los mejores físicos de la época, teniendo como profesores a Max Planck y a Ludwig Boltzmann, entre otros. En el año 1926 se convierte en la primera mujer profesora de física de Alemania, pero no nos adelantemos. Desde sus comienzos, Lise y Otto Hahn colaboraron estrechamente y así lo harían durante treinta años, durante los cuales superarían todas las dificultades y sobrevivirían a los conflictos bélicos de la época, como el mayor de todos ellos: la II Guerra Mundial. Nunca fueron pareja y, de hecho, Lise no se casó nunca, mientras que Otto lo hizo en 1913.

Al igual que con otros científicos de su época, el ascenso del partido nazi en Alemania también les afectó. En el caso de Lise, el hecho de ser austríaca y no ser considerada plenamente judía la mantuvo, al principio, relativamente protegida, lo que le permitió continuar sus investigaciones junto a Otto Hahn. Ambos se propusieron entonces explorar las posibilidades de nueva partícula descubierta por Chadwick a principios de los años 30. La idea de Lise y Otto era bombardear núcleos de uranio con neutrones. Sin embargo, su intención no era romper el núcleo —algo que se creía imposible—, sino lograr que los neutrones se quedasen, por así decirlo, «adheridos» al núcleo de

Lise Meitner y Otto Hahn en el Kaiser-Wilhelm Institut für Chemie, Berlin.

los átomos de uranio. Estos experimentos comenzaron en 1935 y sus resultados acabarían cambiando por completo el curso de la historia: no solo de la radiactividad y la física en general, sino también la historia de la propia humanidad.

Las siguientes líneas parecen sacadas de una película —y no sería extraño que alguna producción se haya inspirado en ellas—, pero reflejan con bastante fidelidad lo que vivieron Lise y Otto. La condición de los denominados «judíos no arios», categoría en la que se encuadraba Lise, fue deteriorándose de forma progresiva a medida que el partido nazi fue ganando poder en Alemania. Cada vez tenía menos margen de maniobra y su seguridad personal se volvía más precaria. En 1938, con la anexión de Alemania a Austria, Lise quedó atrapada en el territorio controlado por el régimen. No podía viajar, entre otras razones, por problemas de documentación y, a medida que pasaba el tiempo, su propia vida corría más y más peligro. Gracias a la ayuda de varios amigos logró escapar a Holanda y después a Dinamarca, hasta terminar por establecerse en Estocolmo. Y desde allí continuó trabajando con Otto en los experimentos con neutrones. Ambos se mantenían en contacto por correspondencia e intercambiaban documentación sobre la evolución de los experimentos en los que bombardeaban núcleos de uranio usando neutrones. Conviene no perder la perspectiva: estaban en los meses previos al estallido de la II Guerra Mundial y las comunicaciones eran, necesariamente, lentas, inciertas y arriesgadas. No era una época de correos electrónicos ni de videollamadas; era el tiempo de las cartas y sobres sellados.

A medida que se avanza en los ensayos, se empezaron a ir obteniendo resultados, pero no los esperados. Recordemos que su intención no era romper el núcleo, sino pegar los neutrones al núcleo del elemento más pesado conocido hasta el momento, el uranio. De esta forma se podría generar un elemento más pesado. Sin embargo, no era eso exactamente lo que estaba pasando. El bombardeo de neutrones generaba lo contrario, eran elementos más ligeros. ¿Cómo podía ser esto posible?

Para interpretar aquel resultado, decidieron acudir al instituto de Niels Bohr, en Copenhague. Allí, Lise Meitner, Otto Hahn y el propio Bohr trataron de dar sentido a un fenómeno desconcertante: los productos obtenidos se comportaban como si fueran átomos de bario, un elemento mucho más ligero que el uranio. La explicación que empezaron a ofrecer era que los elementos generados se comportaban como si fueran átomos de bario. Emplearon la famosa fórmula de equivalencia entre masa y energía de Einstein para entender lo que sucedía y se dieron cuenta de un hecho nunca antes observado: el bombardeo de neutrones producía una cantidad de energía inmensa. Bohr comprendió que la capacidad de destrucción de esta nueva forma de energía podía ser brutal, algo nunca antes visto en toda la historia de la humanidad. Acababan de descubrir la fisión nuclear.

A partir de ese momento se desencadenarían varios acontecimientos en cadena a una velocidad vertiginosa. En enero de 1939, Niels Bohr y Léon Rosenfeld viajaron a Nueva York para anunciar a Albert Einstein que Otto Hahn y Lise Meitner habían descubierto la fisión nuclear. Le informan que había sido posible romper lo que se consideraba irrompible hasta ese momento: el núcleo del átomo. Y, además, que ese hecho se había producido en la propia Alemania nazi. Entre el mes de enero y abril de, Bohr y John Wheeler trabajaron en Princeton en los cálculos derivados del descubrimiento de Otto y Lise. No obstante, Einstein mostró muchas dudas sobre la utilidad práctica de estos. Pero Bohr y Wheeler no estaban seguros y se empezaron a preguntar si sería posible una reacción en cadena que se pudiera usar en una bomba. En marzo de 1939, se sumaron a Bohr y Wheeler dos científicos más. Uno de ellos fue un húngaro que había huido de los nazis y que tendría mucho protagonismo: Léo Szilard, quien ya había sugerido la hipótesis de una reacción en cadena años antes. Todas estas mentes brillantes colaboraron estrechamente en el famoso y recién creado Instituto de Estudios Avanzados de Princeton, donde poco a poco se fueron reuniendo los mejores físicos del momento, muchos de ellos huyendo de la Alemania nazi.

Bohr pensaba que la ruptura del núcleo del átomo solo era posible en el caso del isótopo 235 del uranio, no el 238. En este punto, y para evitar perdernos, conviene explicar qué son los isótopos. Un elemento se caracteriza por la cantidad de protones que tiene su núcleo. Este número es el que se emplea en la tabla periódica para clasificar los diferentes elementos. Los elementos se ordenan en grupos, como vimos al principio del libro. Los elementos de un mismo grupo (columna) en la tabla periódica tienen unas propiedades químicas bastante similares. Pero el descubrimiento del neutrón permite explicar por qué los elementos químicos a veces se comportaban de forma diferente. Los núcleos de un mismo elemento pueden tener distinto número de neutrones y esto cambia totalmente sus propiedades físicas. Vistos desde fuera, parecen exactamente iguales porque la química es la misma. Sin embargo, al mirar más en el interior, la física es diferente y así tenemos diferentes isótopos de un mismo elemento químico al tener sus núcleos diferentes números de neutrones. Puede ocurrir incluso que las radiaciones de los isótopos de un mismo elemento sean diferentes y así podemos tener radiaciones alfa y beta de isótopos procedentes del mismo elemento. La composición en isótopos de un elemento no es homogénea y, en el caso del uranio, esto tiene mucha importancia.

El isótopo más común del uranio es el 238, o ^{238}U. La mayoría del uranio que hay en la naturaleza es ^{238}U. No obstante, hay una pequeña parte de este uranio que es ^{235}U. Cuando un neutrón golpea un núcleo del isótopo del uranio 235, provoca la división del núcleo de este isótopo en dos partes. Este proceso produce mucha cantidad de energía, como hemos visto que resultaba de una aplicación de la famosa fórmula de Albert Einstein. Pero también se produce otra cosa: más neutrones. Y esta es la clave de la importancia de la fisión nuclear. Estos neutrones que se han producido como consecuencia de la división del núcleo del ^{235}U van a poder impactar con otros núcleos de ^{235}U y nuevamente producir más neutrones que seguirán impactando con otros núcleos. Esto se denomina reacción en cadena. Si esta se controla, los primeros cálculos mostraban que la energía que se produciría sería suficiente para poder alimentar una ciudad durante varios días usando solo una pequeña bola de ^{235}U. Pero en el caso de que la misma reacción, usando la misma bola, no se controlara, bien porque no se pudiera o porque intencionadamente se decidiera no hacer, entonces la energía producida sería suficiente para poder destruir la misma ciudad. En cambio, los mismos neutrones al impactar sobre el otro isótopo del uranio, el 238 (que recordemos es el más abundante), tienen un efecto totalmente contrario. Sirven para poder estabilizar el núcleo.

Pronto surgió la pregunta: ¿cómo obtener la cantidad suficiente de uranio 235 para poder generar energía o fabricar una bomba? En Estados Unidos comenzó a imponerse una preocupación inquietante: si no lo lograban ellos, lo conseguirían los científicos de la Alemania nazi. Y aquí entra en juego un detalle que no era menor. Recordemos que, años antes, Marie Curie había usado cantidades enormes de pecblenda en sus primeros experimentos para poder aislar el radio y el polonio. ¿De dónde procedía gran parte de ese mineral? De Joachimsthal, precisamente la localidad que los nazis habían ocupado en 1938, tras la anexión de territorios de la actual República Checa.

Los acontecimientos siguieron precipitándose y, en el verano de 1939, tuvo lugar en Michigan un encuentro tan interesante como controvertido. El célebre físico alemán Werner Heisenberg —el del conocido principio de incertidumbre—, viajó allí para impartir una conferencia y aprovechó la visita para reunirse con Enrico Fermi en la Universidad de Chicago. Precisamente, el cual Fermi se había visto obligado a emigrar de Roma por estar casado con una mujer judía.

Durante su conversación hablaron de los últimos descubrimientos, y Fermi le preguntó a Heisenberg por qué no aprovechaba su viaje para quedarse en los Estados Unidos y no regresar a Alemania. Heisenberg le respondió que de hacer eso en Alemania le podrían acusar de traición y, añadió una frase que ha dado mucho que hablar: «Alemania me necesita».

Ermi insistió entonces con una pregunta incómoda: qué haría si Hitler le pedía ayuda para construir una bomba atómica. Heisenberg respondió que, de un modo u otro, esperaba que la guerra estuviera resuelta antes de que eso llegara a ocurrir. Era el verano de 1939. Pocos días después, el 1 de septiembre, el ejército nazi invadiría Polonia y daría comienzo la II Guerra Mundial.

9

EL MAYOR EXPERIMENTO DEL SIGLO

A lo largo de la historia de la humanidad, probablemente nunca antes se llevó a cabo un proyecto de la escala, la envergadura y las consecuencias que para el futuro de la especie el que abordaremos a continuación. El Proyecto Manhattan fue, posiblemente sin lugar a dudas, el mayor experimento del siglo xx y un proyecto encaminado a lograr un objetivo poco agradable: fabricar la bomba atómica. Se ha escrito y hablado mucho sobre este proyecto, y el cine también lo ha retratado en numerosas ocasiones, como por ejemplo la película *Oppenheimer*, estrenada hace pocos años.

El descubrimiento de la fisión llevó a los físicos a preguntarse de inmediato por sus posibles aplicaciones. Estas podían ser pacíficas para generar fuentes inmensas de energía o, todo lo contrario, violentas para, con cantidades de materia relativamente escasas, poder generar un daño terrible. Y precisamente esta aplicación, la de generar daño, es la que el Proyecto Manhattan iba a desarrollar durante los primeros años de la década de los cuarenta en plena II Guerra Mundial. Resulta curioso el nombre del proyecto porque no se desarrolló en Manhattan, o no solamente en Manhattan, sino que las instalaciones de este inmenso proyecto ocuparon diferentes ciudades distribuidas por todo Estados Unidos y Canadá.

Una de las principales localizaciones del proyecto fue un lugar remoto de Estados Unidos que, tras alcanzarse los objetivos —no olvidemos que el Proyecto Manhattan se mantuvo en el más estricto de los secretos hasta entonces—, acabaría siendo conocidos en todo el mundo. Hablamos de Los Álamos, en el estado de Nuevo México. Se trata de un pequeño condado de unos 30 km², con una población que rondaba los 13 000 habitantes en 2020. Comparado con la isla de Manhattan, las dimensiones no tienen absolutamente nada que ver. Y no es que Manhattan sea enorme, pues apenas tiene tres veces más superficie, pero en el año 2018 contaba con una población de unos 1,6 millones de personas, cerca de cien veces más población que Los Álamos.

Las dimensiones de las que hablamos nos sirven para poder entender que la mayor parte del Proyecto Manhattan pudo realizarse de forma relativamente tranquila, alejado de interferencias y guardando el mayor de los secretos posibles, al desarrollarse en una zona alejada prácticamente de todo en el desierto de Nuevo México, donde apenas había población en los años cuarenta.

Antes de entrar en el proyecto en sí —sus orígenes, las razones que lo impulsaron, su diseño y sus consecuencias— conviene detenerse en algunos datos que ayudan a comprender la verdadera magnitud del experimento. Comencemos por el coste. ¿Cuánto dinero se invirtió, en términos de la época? Considerando todas las localizaciones que de una forma u otra estuvieron ligadas al proyecto, estamos hablando del orden de unos 1 890 millones de dólares del año 1945. Traducido a valores actuales, teniendo en cuenta la evolución del coste de la vida y otros factores, equivaldría aproximadamente a 25 000 millones de dólares de 2023. Se trata de una cifra descomunal, especialmente si se tiene en cuenta la duración del proyecto: apenas tres años, entre 1942 a 1945.

En cuanto a la distribución geográfica, más de treinta emplazamientos estuvieron involucrados de alguna manera en el desarrollo del experimento. Sin embargo, el núcleo del trabajo se concentró en tres localizaciones elegidas para llevar el grueso del desarrollo del proyecto en el más absoluto de los secretos: Hamford (estado de Washington), Oak Ridge (estado de Tennessee) y el ya mencionado Los Álamos (estado de Nuevo México).

En lo relativo a los científicos implicados, basta repasar algunos nombres para comprender el nivel intelectual que se concentró en el proyecto. Entre sus filas se encontraban algunos de los físicos más brillantes de la época, cuyos apellidos resultan familiares a cualquiera que haya estudiado física, porque han quedado ligados a efectos, teorías, ecuaciones y modelos fundamentales. Hablamos de Enrico Fermi, Richard Feynman, Hans Bethe o Edward Teller y, por encima de todos ellos, como director científico del proyecto, el neoyorquino J. Robert Oppenheimer.

Pero ¿cómo nace el Proyecto Manhattan? ¿Qué pasos se fueron dando para que, en menos de cincuenta años desde que Marie Curie descubriera el radio y el polonio, y sentara las bases de la radiactividad, se fabricara la primera bomba atómica y se arrojara sobre una población civil?

Como vimos, a finales de la década de 1930 James Chadwick había descubierto una partícula nueva de forma experimental, el neutrón. Prácticamente al mismo tiempo, en la mismísima Alemania nazi, otro físico, Otto Hahn, y la austriaca Lise Meitner, que estaba refugiada en Suecia, descubrieron la fisión nuclear. Al poco tiempo, Heisenbeg y Fermi comentan en una reunión llevada a cabo en Estados Unidos los últimos avances en física y días después estallaría la II Guerra Mundial. Aunque Heisenberg prefería no pensar en la posibilidad

Físicos durante un coloquio patrocinado por el Distrito Manhattan en el Laboratorio de Los Álamos, en abril de 1946. En la primera fila aparecen Norris Bradbury, John Manley, Enrico Fermi y J. M. B. Kellogg. Robert Oppenheimer, con abrigo oscuro, se sitúa detrás de Manley; a su izquierda está Richard Feynman.

de que los nazis le pidieran que desarrollara la bomba nuclear, naturalmente era consciente de la posibilidad. A su regreso a Alemania, continuó con sus experimentos y cálculos, y se dio cuenta de que una bomba de ese calibre sería capaz de arrasar por completo una ciudad del tamaño de Nueva York. Teniendo en cuenta el contexto en el que nos encontramos, los albores de la II Guerra Mundial, y que Heisenberg realizaba sus experimentos en plena Alemania nazi, ni que decir tiene que sus conclusiones enseguida encuentran el eco perfecto en el ambiente bélico en el que se movía el país en esa época.

En aquel momento, un científico que nunca llegó a trabajar en temas de radiactividad, pero que se ha reconocido como una de las mentes más brillantes de todos los tiempos. Fue uno de los pocos físicos que se atrevió a cambiar lo que en su época se daba por establecido e intocable, llegó a poner patas arriba la física de Newton. Nos referimos a un alemán de la pequeña ciudad de Ulm que se llamaba Albert Einstein. En un libro sobre la historia de la radiactividad merece protagonismo no por sus contribuciones en esta materia, sino por su formación y su especialidad. Además, en el verano de 1939, Albert Einstein mediante una simple carta dirigida al presidente de entonces de los EE. UU., Franklin Delano Roosevelt, cambiaría el curso de la II Guerra Mundial. A pesar de estar dirigida a Roosevelt, la carta originalmente no estaba escrita en inglés y ni tan siquiera la escribe el propio Albert Einstein. Él la dictó en alemán y la tradujo al inglés su amigo, el físico húngaro Szilard. Este escrito ha sido objeto de debates, polémicas y afirmaciones de todo tipo. Se ha llegado a decir que en la carta Einstein insta a Roosevelt a que fabriquen una bomba atómica antes que los nazis. ¿Qué hay de cierto en todo esto? Recordemos que Albert Einstein era un declarado pacifista.

Pero antes de seguir con la famosa carta, veamos qué es lo que hacía en los Estados Unidos en 1939. Siete años antes, Albert Einstein abandona Alemania a la luz de la evolución del antisemitismo y la deriva autoritaria que estaba comenzando a tomar el país con el ascenso de Hitler al poder. No olvidemos que Einstein era judío. Abandona su país natal y nunca más regresaría. En su viaje a los EE. UU., Einstein termina aterrizando en una institución de reciente creación en Princeton, el famoso Instituto de Estudios Avanzados, donde poco a poco se van juntando los mejores cerebros en física de la época y también de otras disciplinas científicas.

La década de 1930 además fue complicada en lo personal para Einstein. Su hijo padecía esquizofrenia; su amigo y gran científico, Paul Ehrenfest, se había suicidado; su amada esposa Elsa se acababa de morir, y su fórmula más famosa —la que explica cómo convertir la masa en una gran cantidad de energía— estaba comenzando a ser estudiada para ser llevada a la práctica de la forma más brutal posible. Así llegamos al verano de 1939, en el que Albert Einstein se encuentra en Long Island disfrutando del descanso estival y practicando una de sus pasiones, la navegación. Esta actividad, unida al violín siempre fueron sus dos grandes aficiones. Szilard decide visitar a Einstein en su retiro y le habla de la posibilidad de fabricar una bomba atómica a raíz de los recientes avances en fisión nuclear. Einstein se muestra sorprendido y confiesa que no se le había pasado por la cabeza la posibilidad de que tal cosa pudiera ser posible. Justo durante esta visita de Szilard cuando Einstein dicta la carta en alemán al presidente Roosevelt. Y la polémica que ha generado la famosa carta es si en la misma Einstein le pide a Roosevelt que construya la bomba atómica o no. Afortunadamente, en la actualidad se puede consultar la carta original de Einstein *online*. No es muy extensa, apenas una página, y de su lectura se pueden extraer varias conclusiones. La carta fechada el 2 de agosto de 1939 no pide en ninguna de sus líneas a Roosevelt que fabrique una bomba atómica. Lo que sí que solicita o sugiere Einstein es que, a la luz de los nuevos descubrimientos en física —más concretamente, los avances en física nuclear que muestran que una fisión del átomo es posible—, la administración de los Estados Unidos tome acciones. Pero le pide que se fabrique una bomba atómica. Pongámonos además en el contexto de 1939, Einstein explica en la carta que el descubrimiento de la reacción en cadena sí que podría usarse para fabricar una bomba. Además, añade que, de fabricarse —cosa que insiste en que es poco factible—, la bomba sería tan pesada que no sería posible transportarla por aire, por ejemplo. Prosigue sugiriendo que se inicie una colaboración entre los científicos que trabajan en la reacción en cadena y la administración de los Estados Unidos. También cabe destacar que, a pesar de no haber pedido la construcción de la bomba ni se inicie el Proyecto Manhattan, sí que es cierto que, años después, Einstein pronunció una famosa frase en la que confesaba que enviar esa carta había sido el mayor error de toda su vida.

En cualquier caso, al poco de recibir la carta, Roosevelt empieza a poner en marcha el Proyecto Manhattan en el más absoluto de los secretos. Apenas comenzada la II Guerra Mundial y antes incluso del ataque a Pearl Harbor, el mayor proyecto científico de la historia comenzaba a dar sus primeros pasos. El objetivo del proyecto estaba claro desde el principio: la construcción de una bomba atómica de fisión nuclear. Dada la envergadura de la tarea, los Estados Unidos se dieron cuenta enseguida de que, no podían llevarlo a cabo ellos solos, necesitaban la colaboración de otros países. Los primeros en unirse fueron Canadá y el Reino Unido.

Curiosidades del destino: justo el mismo día en el que el ejército nazi inicia la invasión de Polonia, el 1 de septiembre de 1939, en el volumen 56 de la revista *Physical Review,* aparece publicado un artículo firmado por Bohr junto con Wheeler que lleva por título en inglés *El mecanismo de la fisión nuclear* y está disponible para su consulta *online* donde se hablaba de la reacción en cadena. A los pocos meses de publicarlo, Dinamarca es ocupada por los nazis y Bohr se ve obligado a escapar. Se había enviado a publicar tan solo unos meses antes de la invasión —el 28 de junio de 1939— y en un periodo sorprendentemente corto fue aceptado y publicado en la revista.

De esta forma comenzó casi al instante el reclutamiento de las mentes más prestigiosas y capaces del momento. Muchos de esos científicos habían escapado de los nazis desde Alemania o países vecinos al comienzo de la II Guerra Mundial. Los Estados Unidos se habían convertido en un refugio perfecto para los físicos que estaban llevando a cabo los avances más espectaculares en la física atómica y nuclear, la cual apenas acababa de nacer como disciplina. Se ponen a trabajar de inmediato y Otto Frisch logra llevar a cabo los primeros cálculos para poder obtener la masa necesaria para que la bomba pueda funcionar, lo que se denomina en física como la masa crítica. Esta cantidad de masa es la mínima necesaria para que pueda producirse la reacción en cadena que, en el caso de la bomba, permita que pueda explotar. Al principio, Frisch pensaba que se necesitaban unos 50 kg del isótopo 235 de uranio (^{235}U). De esta manera se podía generar una bomba equivalente a unos 15 000 kilotones. Y esa masa, aunque parezca no muy grande, era enorme para lo que se había conseguido hasta la fecha. Ernest Lawrence había logrado mucho menos de 1 g de ^{235}U y la masa crítica calculada por Frisch necesitaba varios millones de veces esa cantidad. Como sucede muchas veces en física, una cosa es lo que la teoría sobre el papel es capaz de predecir y otra diferente es lo que se puede conseguir de una forma práctica.

Hagamos un breve repaso por la cronología del proyecto indicando los momentos más interesantes. Comenzando por los acontecimientos más destacados en el campo de la física hasta que se publica el artículo de Bohr el 1 de septiembre de 1939: en 1919 Rutherford había descubierto el protón y había observado el cambio del nitrógeno a oxígeno como consecuencia de una desintegración radiactiva. Antes de que Chadwick descubriera el neutrón en 1932, se habían producido algunos avances tecnológicos de gran importancia en lo que luego sería el Proyecto Manhattan. Lawrence había construido en Berkeley un ciclotrón para poder acelerar las partículas nucleares y de esta forma estudiar sus interacciones y las posibles formaciones de nuevas partículas. Y un año antes, en 1931, otro nombre familiar para los físicos, Van de Graaff, había construido el generador electroestático. No olvidemos que, en la década de 1930, además del ya mencionado descubrimiento del neutrón, se puso en marcha el ciclotrón construido por Lawrence; Fermi había conseguido la reacción en cadena controlada, y Otto Hahn y Lise Meitner habían descubierto la fisión del uranio.

Volvamos al 1 de septiembre de 1939, que será recordado no por el artículo de Bohr en *Physical Review,* sino por la invasión de Polonia por parte del ejército nazi y el comienzo de la II Guerra Mundial. Y comienzan así los aspectos cronológicos, no necesariamente científicos, pero de gran relevancia para el Proyecto Manhattan. A partir de la carta de Einstein a Roosevelt, en noviembre el recientemente constituido Comité del Uranio recomienda la adquisición de grafito y óxido de uranio para producir la fisión nuclear. En febrero de 1941, Glenn T. Seaborg descubre un elemento que al que sería muy relevante, el plutonio. Y poco después de su descubrimiento, el propio Seaborg demuestra que no solo la fisión nuclear se puede producir también en el plutonio, pero sí que es más sencillo en este —dentro de lo que significa sencillo a estos niveles—, lo que le hace un mejor candidato para el proyecto.

La razón es que el principal problema para poder lograr la bomba de fisión usando ^{235}U es precisamente conseguir la suficiente cantidad de este para lograr la masa crítica. Como podemos recordar de capítulos anteriores, no es precisamente el isótopo más frecuente en la naturaleza, sino el ^{238}U, que constituye prácticamente todo el uranio que podemos encontrar. El ^{235}U es bastante menos del 5% del total del uranio que se encuentra disponible. ¿Cómo separar entonces el ^{235}U del uranio que encontramos en la naturaleza? Aunque, en el otoño de 1941 en la Universidad de Columbia, los científicos John Ray Dunning y Eugene T. Booth habían sido capaces de lograr el enriquecimiento en ^{235}U a partir de una muestra de uranio. Pero una cosa es lograrlo en condiciones de laboratorio y otra muy diferente hacerlo a escala industrial del tamaño que requería la envergadura del Proyecto Manhattan. Para realizar la separación se emplearon campos electromagnéticos gracias a una técnica que se utilizaba en la época en la que no vamos a detenernos. En 1941 en la Universidad de Berkeley, Lawrence había sido capaz después de un mes entero de trabajo de producir 100 microgramos de ^{235}U —unas 10 000 veces menos que un gramo—. Recordemos que los cálculos de Frisch de la masa crítica indicaban que se necesitaba un valor de 50 000 gramos de ^{235}U para la bomba.

El proceso de enriquecimiento de uranio se llevaba a cabo en la planta del Proyecto Manhattan ubicada en Oak Ridge, Tennessee —donde se tuvo que construir una ciudad entera en una superficie de 21 km²—. Llega el momento de mencionar a la otra mente encargada del Proyecto Manhattan, pero en el ámbito militar y no en el científico: el general Leslie Groves, que en 1942 había adquirido los terrenos en Oak Ridge. Los números del proyecto empiezan a hacerse enormes. En 1943, ya trabajaban 20 000 personas y, a pesar de todo, Oak Ridge tenía una capacidad de producción muy escasa para lo que se necesitaba. Comenzaba a resultar evidente que se debían de resolver bastantes problemas para poder enriquecer el uranio en una cantidad suficiente como la que se necesitaba para lograr la masa crítica que hiciera estallar la bomba. De forma que la infraestructura de Oak Ridge siguió aumentando de tamaño y en 1944 el número de trabajadores del complejo aumenta a 50 000 personas.

Pero no avancemos acontecimientos y sigamos con la cronología del proyecto. El 22 de junio de 1941 había comenzado la operación Barbarroja, que significó la invasión de la Unión Soviética por parte de Alemania, que acabaría convirtiéndose en el punto de inflexión en la II Guerra Mundial. Además, desde la perspectiva de la carrera nuclear iba a tener consecuencias muy importantes. Y, apenas unos pocos meses después, a finales de 1941, se produjo el ataque japonés contra Pearl Harbor, que supuso la entrada oficial de Estados Unidos en guerra. Para lo que nos ocupa, esta fecha resulta especialmente relevante.

Meses antes del ataque a Pearl Harbor, un informe británico había confirmado que la construcción de la bomba atómica era posible, por lo que Roosevelt encargó al jefe del Comité de Investigación de Defensa Nacional, Vannevar Bush, averiguar cómo construir la bomba de la que hablaba el informe británico y qué inversión supondría. El ejército comienza a recibir encargos y de esta forma se puede ver cómo el Proyecto Manhattan estaba en marcha bastante antes de que los Estados Unidos oficialmente entraran en la II Guerra Mundial.

El mes de enero de 1942 va a ser uno de esos momentos clave en el Proyecto Manhattan. El presidente Roosevelt dio la orden de construir la primera bomba atómica de la historia de la humanidad. Y en mayo de ese mismo año se inicia la producción en serie de plutonio y ^{235}U. Poco a poco el proyecto comienza a profesionalizarse y, a comienzos del verano, se organizó en dos grandes partes. La construcción de materiales, infraestructura y tecnología pasó a ser responsabilidad del Ejército, bajo la dirección del general Leslie Groves. La parte científica y la investigación nuclear quedaron en manos de la Oficina de Desarrollo e Investigación Científica con J. Robert Oppenheimer al mando.

Apenas pocas semanas después de que comenzasen los trabajos de producción, se obtuvieron los primeros éxitos y Seaborg lograría la primera muestra de plutonio en el mes de agosto de 1942. A principios de otoño, Oppenheimer, desde Berkeley revisó los cálculos sobre la masa crítica del ^{235}U necesaria para construir la bomba y concluyó que se necesitaría una cantidad mayor de la prevista en los cálculos iniciales de Frisch. Poco después, en el condado de Los Álamos comenzó la construcción del complejo clave del Proyecto Manhattan con Oppenheimer al mando. Casi al mismo tiempo, Enrico Fermi logró en la Universidad de Chicago una reacción en cadena de fisión nuclear controlada, lo que sentó las bases de una futura aplicación pacífica de la energía nuclear.

A comienzos de 1943, los científicos empezaron a llegar a Los Álamos acompañados de sus familias. Esta había sido una de las exigencias de Oppenheimer para poder reclutar a las mentes más brillantes: permitir que los científicos se mudaran a un lugar en medio de la nada para trabajar en algo que ni siquiera sabían de qué se trataba. A cambio, se les garantizaba la posibilidad de mudarse con sus familias por un periodo en principio indeterminado. Así, Los Álamos no fue solamente un complejo militar dedicado al desarrollo de la bomba atómica, sino una verdadera ciudad construida en tiempo récord con sus escuelas, restaurantes y todo lo necesario para garantizar la vida cotidiana en medio del desierto.

A partir de este momento, los acontecimientos científicos se entremezclan con la evolución de la II Guerra Mundial en Europa, lo que tendría consecuencias directas sobre el propio proyecto. En el mes de septiembre de 1943, Italia se rindió ante las tropas aliadas. Entre esta fecha y el famoso día D de 1944, se producen los primeros 200 gramos de ^{235}U que llegan a Los Álamos y, tan solo unos meses antes del desembarco en Normandía de la mayor fuerza militar de la historia, se comenzaron a probar los primeros modelos de la bomba.

En septiembre de 1944, Churchill y Roosevelt firmaron un acuerdo para compartir la investigación en tecnología atómica, un pacto que tendría una influencia notable en la propia carrera nuclear del Reino Unido. Para entonces, el Proyecto Manhattan ya había entrado en su fase decisiva. Hasta prácticamente el otoño de 1944 su probabilidad de éxito se consideraba dudosa; sin embargo, los avances logrados en apenas unos meses cambiaron esa percepción y el éxito empezó a verse probable. Entre las razones estaban el funcionamiento de la planta de producción de material fisionable en Oak Ridge, así como la de Hanford, y los progresos constantes de Los Álamos en el diseño de la bomba.

En febrero de 1945, llegaron las primeras muestras de plutonio al complejo de Los Álamos. Para entonces, la evolución de la guerra en Europa se encontraba ya en su fase final: las tropas aliadas avanzaban con rapidez y se acercaban cada vez más cerca a Berlín. En ese mismo mes tuvo lugar el primer encuentro entre los aliados, la Conferencia de Yalta, en Crimea, en la que participaron Roosevelt, Stalin y Churchill. Un mes más tarde, comenzaron los bombardeos sobre Japón por parte de la aviación estadounidense, los cuales causaron la muerte de 100 000 ciudadanos en Tokio.

El 12 de abril de 1945, falleció el presidente que había recibido la famosa carta y que había impulsado el mayor proyecto científico-militar de la historia de la humanidad. A su muerte, Harry S. Truman se convierte en presidente de los Estados Unidos. Menos de un mes después, el 7 de mayo de 1945, lo que quedaba del ejército nazi se rindió ante los aliados en Berlín, lo que supuso el fin de la II Guerra Mundial en Europa. Sin embargo, la guerra seguía en el Pacífico y los bombardeos sobre Tokio se intensificaron, con miles de víctimas civiles. A principios de junio de 1945, un comité interno del Gobierno de Estados Unidos recomendó el uso de armas atómicas en tiempo de guerra.

El 16 de julio de 1945, por primera vez en la historia y menos de cincuenta años después del descubrimiento de la radiactividad, se llevó a cabo la primera detonación de una bomba atómica en Alamogordo, Los Álamos. El nombre en clave de la bomba fue «Trinity» y se trataba de un artefacto de implosión de plutonio. Esta prueba se llevó a cabo mientras Truman, Stalin y Churchill se encontraban en Potsdam, básicamente repartiéndose el mundo después de la II Guerra Mundial. Cuando Truman fue informado del éxito de la detonación, comunicó la noticia a Stalin. ¿Cuál fue la reacción del líder soviético?

A finales de julio se tomó la decisión de atacar Japón con armas atómicas y el 3 de agosto el Gobierno japonés rechaza la rendición incondicional. Lo que siguió es bien conocido. El 6 de agosto de 1945, la ciudad japonesa de Hiroshima fue bombardeada con «Little Boy», una bomba atómica de uranio. Tres días más tarde, el 9 de agosto, Nagasaki sufre el impacto de «Fat Man», una bomba de plutonio. Cientos de miles de personas perdieron la vida en cuestión de segundos. Finalmente, el 2 de

Oppenheimer y Groves examinan los restos de una de las bases de la torre de pruebas de acero tras la prueba Trinity.

septiembre de 1945, a bordo del portaaviones USS Missouri, Japón firmó su rendición incondicional.

De esta manera concluye el Proyecto Manhattan, aunque siguió varios años más hasta que los últimos restos se extinguieron en el mes de diciembre de 1947. La dirección científica recayó en un físico que, pese a haber realizado contribuciones en física nuclear, astrofísica y otros campos, pasaría a la historia como «el padre de la bomba atómica»: J. Robert Oppenheimer. Carecía de experiencia previa en la gestión de un proyecto de semejante magnitud y, además, mantenía contactos muy directos con círculos comunistas de la época, lo que con el paso de los años le acarrearía graves problemas. Por otro lado, cabe destacar que bajo su dirección trabajaron en Los Álamos algunos de los físicos más brillantes del momento, incluidos varios premios nobel.

El otro pilar del proyecto fue un general egocéntrico, con disciplina militar, al que solo le importaba la ciencia en la medida en la que servía para lograr los objetivos del ejército. Leslie Groves era todo lo opuesto a Oppenheimer, pero puede que esta extraña combinación fuera lo que permitió que el proyecto tuviera éxito. Así, a las cinco y media de la mañana de un 16 de julio de 1945, la detonación de una bomba de plutonio en Alamogordo dio inicio a la era atómica.

El cielo nocturno se iluminó de repente con una intensidad comparable a la de miles de soles. La explosión fue tan poderosa que desplazó un contenedor de unas doscientas toneladas, colocado deliberadamente cerca del punto cero, como si se tratara de una pluma, arrojándolo a más de un kilómetro de distancia. Comenzaba también la carrera nuclear: la carrera por reproducir, de forma bélica, la energía del Sol en la Tierra.

10

LA CARRERA POR SIMULAR EL SOL EN LA TIERRA

L a radiactividad, al igual que prácticamente todos los descubrimientos científicos, también tiene dos aplicaciones que son como las dos caras de la misma moneda: una aplicación pacífica y beneficiosa para la sociedad, y otra violenta y diseñada para destruirla en el contexto de un conflicto bélico.

En el marco de este capítulo, esa vertiente violenta se tradujo en un esfuerzo científico y técnico orientado a fabricar bombas atómicas cada vez más potentes. Dicho de otro modo: se trataba de dominar una fuente de energía inmensa —casi como intentar reproducir un Sol en la Tierra— y ponerla al servicio de la destrucción. Esa fue, precisamente, la carrera en la que se embarcaron las grandes potencias mundiales desde el final de la II Guerra Mundial y durante los años posteriores, hasta que se firmó el tratado que puso fin a las pruebas nucleares, al que terminaron adhiriéndose numerosos países, aunque no todos al mismo tiempo.

Las pruebas que dicho tratado pretendía frenar fueron realizadas durante varias décadas, a mediados del siglo xx, por parte de Estados Unidos y la Unión Soviética y, aunque en menor medida, también por Francia y el Reino Unido, entre otros. Otras naciones que, inicialmente no habían firmado el tratado, también llevaron a cabo pruebas nucleares y, por tanto, tienen capacidad de producir armas atómicas —además de los anteriores— son: Pakistán, India, China, Corea del Norte y en algunos informes se menciona también a Israel.

¿Y cuándo comenzó esta carrera nuclear? La fecha puede fijarse con precisión: el 16 de julio de 1945, cuando, en un lugar remoto del desierto de Nuevo México llamado Alamogordo, se llevó a cabo la primera prueba de un arma atómica. Los 18 600 kilotones de la bomba «Trinity» habían explotado con éxito y confirmado que el Proyecto Manhattan había superado con creces las expectativas: era posible fabricar una bomba atómica y, además, funcionaba.

La intensidad de la explosión fue inmensa, como nunca antes se había visto. Y, afortunadamente para todos, se cumplieron las predicciones de los físicos: era «poco probable» que la reacción en cadena se descontrolara, se extendiera a todo el planeta y provocara su destrucción. Los efectos quedaron restringidos a la zona de Alamogordo y, en el resto del mundo, no se dieron ni cuenta de lo que acababa de suceder. Se ha señalado en numerosas ocasiones que Oppenheimer, al contemplar el resultado de la explosión, pronunció unas palabras que pasarían a la historia: «Ahora me he convertido en la muerte, en el destructor de los mundos». El científico era un gran admirador de la cultura india y la cita procede del *Bhagavad Gita*, un texto en sánscrito de carácter filosófico. De hecho, no se trata de un tratado bélico, sino una obra que incluso Gandhi —nada sospechoso de violencia— consideraba una guía de conducta. Con esa detonación, la carrera nuclear acababa de comenzar, y las siguientes etapas no tardarían en llegar.

Ya vimos que la II Guerra Mundial no había terminado exactamente con la rendición de Alemania en mayo de 1945, pues Japón se negaba a poner fin al conflicto a pesar de los continuos bombardeos sobre algunas de sus ciudades que generaban miles de muertes civiles. El 6 de agosto de 1945 el sol salió por la mañana como cada día en la ciudad de Hiroshima. Esta, al cabo de unas horas, iba a volverse más famosa que la propia capital del país. Sus habitantes se despertaban y estaban acostumbrados a vivir en guerra, con todas las implicaciones que ello conllevaba. Era parte de su rutina. Sin embargo, incluso en tiempos de conflicto la vida civil sigue su curso, las personas mantenían cierta normalidad en Hiroshima: los niños y niñas iban a la escuela, desayunaban tranquilamente y el día parecía que avanzaba con cierta normalidad sin saber que un avión del Ejército de los Estados Unidos se estaba aproximando a su ciudad con un cargamento en su bodega no muy pesado y que nunca antes se había probado sobre una población civil. El nombre del avión era Enola Gay y muchos años más tarde se harían canciones con él, canciones pacifistas.

Mientras el Enola Gay se aproximaba a Hiroshima, alrededor de las ocho de la mañana, hora de Tokio, el cielo se tiñó de repente de un rojo aterrador y, en cuestión de instantes, unas 80 000 personas murieron en el acto, entre ellas civiles y militares. Ese fue el resultado inmediato del empleo de la primera bomba atómica. Ya no se trataba de una prueba realizada en un desierto de los Estados Unidos, como había ocurrido con Trinity; era una acción real y, por primera vez, una población civil experimentaba las consecuencias directas de una teoría desarrollada en la física nuclear, que predecía que, en la fisión o ruptura del átomo, se liberaría una enorme cantidad de energía. En este caso, dicha energía se utilizó para destruir casi por completo una ciudad habitada por personas de carne y hueso. A esta cifra inicial de víctimas habría que sumar, en los meses y años posteriores, unas 20 000 muertes adicionales como consecuencia de la lluvia radiactiva generada por la explosión. El piloto del Enola Gay, al mirar hacia abajo hacia lo que apenas unos segundos antes había sido una ciudad viva,

Enola Gay y su tripulación.

observó únicamente un paisaje de ruinas ennegrecidas. La ciudad había desaparecido. Las consecuencias de aquel ataque no se limitarían a ese día, sino que se prolongarían durante décadas y, en muchos aspectos, alcanzan prácticamente hasta nuestros días.

Horas más tarde, a muchos kilómetros de distancia de la ciudad japonesa, Otto Hahn recibió la noticia, que le hace sentirse terriblemente culpable al pensar que su gran descubrimiento de la fisión nuclear era el responsable de la tragedia. Otro de los grandes físicos de la época, el alemán Heisenberg dudó de la veracidad de la noticia hasta que finalmente no le quedó más remedio que aceptar la realidad. La bomba se llamaba «Little Boy» y era técnicamente una bomba de fisión nuclear con un núcleo de uranio.

La ofensiva contra la población japonesa continuó, ya que el país no puso fin al conflicto tras la destrucción de Hiroshima. El siguiente objetivo fue la ciudad de Nagasaki, tan solo tres días después. La fecha, el 9 de agosto de 1945, quedaría igualmente inscrita en la historia. Sin embargo, lo ocurrido en Nagasaki fue sensiblemente distinto a lo sucedido en Hiroshima. La segunda detonación estuvo rodeada de una serie de circunstancias fortuitas que se encadenaron en un breve intervalo de tiempo, y su ejecución distó de ser tan precisa y planificada como la anterior. De hecho, Nagasaki no figuraba como objetivo prioritario en un primer momento. La ciudad inicialmente designada era Kokura, pero las condiciones meteorológicas adversas impidieron llevar a cabo el ataque según lo previsto. Aquello que para sus habitantes podía resultar una molestia estival terminó convirtiéndose, de forma inesperada, en un factor decisivo que evitó una catástrofe.

A ello se sumó otra circunstancia: la quema deliberada de carbón por parte de las autoridades japonesas, una estrategia destinada a dificultar la visibilidad y complicar las operaciones de bombardeo de la aviación estadounidense. Ante este escenario, los bombarderos B-29 abandonaron el plan inicial y pusieron rumbo a un objetivo alternativo: la ciudad de Nagasaki. Curiosamente, al llegar observaron que las condiciones meteorológicas tampoco eran buenas. Nagasaki estaba también cubierta de nubes y la visibilidad era escasa. Además, el combustible comenzaba a escasear, de modo que era necesario regresar a la base o arriesgarse a quedarse sin autonomía de vuelo. Pero sobre las once de la mañana del 9 de agosto, se hizo un claro sobre la ciudad y el piloto del bombardero aprovechó ese instante para lanzar «Fat Man». La bomba, una bomba de fisión, detonó con éxito sobre la zona industrial de Nagasaki. El núcleo del artefacto contenía 5 kilogramos de plutonio, una cantidad mínima de materia que, sin embargo, bastó para desencadenar el horror en toda la ciudad. Y, además, ni siquiera explotó al contacto con el suelo: lo hizo a unos 500 metros de altura, con el objetivo de maximizar el área de destrucción.

Al revisar la documentación disponible, se encuentra un detalle que parece propio de una ironía trágica: la explosión se produjo casi exactamente sobre una fábrica de armamento que había fabricado parte de los torpedos empleados menos de cuatro años antes en el ataque por sorpresa a Pearl Harbor. El relieve también influyó en los efectos. La detonación tuvo lugar en un valle rodeado de montañas, que actuaron como un blindaje natural y amortiguaron parcialmente la onda expansiva. Aún así, sobre Nagasaki se liberó una potencia equivalente a 21 kilotones, y el resplandor pudo observarse a más de 160 kilómetros. Unas 40 000 personas murieron como resultado de la explosión y 25 000 quedaron heridas. Al finalizar 1945, el total de fallecidos a consecuencia del ataque ascendía ya a 70 000. La inmensa mayoría eran civiles; las bajas militares fueron comparativamente reducidas y se situaron por debajo de los de 200 soldados.

Días después, se produjo la rendición de Japón y, de esta forma, se ponía final a la guerra en el Pacífico y a la II Guerra Mundial que durante seis años había causado tantos millones de muertos y una devastación sin precedentes en todos los continentes. A partir de ese momento comenzó la carrera entre las dos superpotencias —Estados Unidos y la Unión Soviética— por desarrollar armas atómicas cada vez más potentes. Se inauguraba así una competición tecnológica y militar por reproducir, con fines destructivos, una energía comparable a la del Sol en la Tierra.

En los años que siguieron al lanzamiento de la bomba, entre 1945 y 1946, surgieron intentos por controlar, de alguna forma, lo que acababa de pasar. Era como si se hubiera abierto la caja de Pandora y, si ya no podía cerrarse, al menos que se tratara de limitar sus efectos. El objetivo era evitar que la expansión de la energía atómica se convirtiera en un proceso sin freno. En Estados Unidos se había creado recientemente la Comisión de la Energía Atómica y, a principios de 1946 —en concreto el 16

El presidente Harry Truman firma la Ley de Energía Atómica de 1946, por la que se crea la Comisión de Energía Atómica, predecesora de la NRC.

de marzo—, un equipo de expertos redactó un informe en el que participó uno de los padres de la bomba atómica, el físico J. Robert Oppenheimer. Entre los demás autores figuraban Chester I. Barnard, Charles A. Thomas, Harry A. Winne y David E. Lilienthal.

Aquel informe pretendía sentar las bases de un sistema de control internacional de la energía atómica antes de que la situación se fuera de las manos y se volviera incontrolable. El documento, que se puede consultar hoy en internet, comprende cuatro secciones. La primera aborda el núcleo del problema. Según indican los autores, se elaboró con el propósito de clarificar la posición de la delegación de los Estados Unidos en el seno de la recién creada Organización de las Naciones Unidas.

El 15 de noviembre de 1945, apenas unos meses después de la rendición de Japón, los EE. UU., Canadá y el Reino Unido firmaron un acuerdo sobre el uso de la energía atómica para propósitos militares. En él se subraya el poder destructivo de esta nueva herramienta y su potencial carácter incontrolable. La razón era evidente: no existía fuerza militar capaz de poder hacer frente a un ataque nuclear. Además, el texto advertía de que ninguna nación podía considerarse propietaria exclusiva de este tipo de armamento; en otras palabras, no podía hablarse de un monopolio real.

En esa misma sección se insiste en una idea clave: el poder destructivo del nuevo armamento atómico que ni siquiera las posibles contramedidas que se pudieran emplear ni mantener en secreto el desarrollo de las armas atómicas serían útiles como forma de defensa. Además, el informe advertía que la aparente superioridad de los Estados Unidos sería necesariamente transitoria: en cuanto otros países emprendieran programas propios, dicha ventaja dejaría de existir. De ahí la conclusión principal: resultaba imprescindible someter la energía atómica a un sistema de control internacional.

El documento, sin que sus autores pudieran prever aún todas las implicaciones, anticipaba los fundamentos de un organismo internacional encargado de regular el uso pacífico de la energía nuclear y, llegado el caso, de realizar inspecciones en los distintos países para verificar que su empleo se ajustaba a fines civiles. Dicho de otro modo, el informe sentaba las bases de lo que, años más tarde —como veremos en el siguiente capítulo—, se materializaría en el Organismo Internacional de Energía Atómica, vinculado a las Naciones Unidas. Pero todavía habría de transcurrir un tiempo hasta que ese marco institucional pudiera hacerse realidad.

En la segunda sección, el informe expone una serie de consideraciones orientadas al desarrollo de un sistema de garantías. El planteamiento gira, de manera insistente, en torno a la necesidad de cooperación internacional, una idea que aparece reiteradamente a lo largo del documento. Además, se subraya la conveniencia de minimizar la rivalidad entre los países implicados en el desarrollo de armamento atómico. Asimismo, el texto incluye un pasaje especialmente interesante: una descripción científica de la diferencia entre la energía de fisión y la de fusión.

Hasta aproximadamente 1942, la energía utilizada por la humanidad procedía casi por completo de reacciones químicas, con excepciones puntuales como la energía eólica, la hidroeléctrica o la mareomotriz. En otras palabras, durante la mayor parte de su historia, el ser humano había obtenido energía esencialmente «quemando cosas»: madera, carbón, petróleo y otros combustibles.

Al descubrirse la energía atómica, la forma de obtener energía comienza a cambiar. Ahora se observa que es posible emplear fuerzas que tienen lugar a escala atómica para poder producir energía, aunque todavía no se entendía con precisión cómo podía controlarse ese mecanismo ni de qué manera podría aplicarse de forma práctica. Por otro lado, los experimentos mostraban un hecho tremendamente curioso: la liberación de energía en reacciones nucleares solamente se producía de manera significativa, sobre todo en dos extremos, bien en núcleos muy ligeros, bien en núcleos muy pesados, pero no en la mayoría de los elementos intermedios.

En el caso de los núcleos ligeros, el proceso consistía en la combinación del más simple de todos, el hidrógeno —en su forma más común, sin neutrones—, se podía combinar con otros núcleos un poco más pesados —aunque también tremendamente ligeros—. La fusión de ambos daba lugar a un nuevo sistema y la energía liberada en esa transición era inmensa. Básicamente, se estaba describiendo el mecanismo que alimenta la gran «central nuclear» natural de nuestro planeta: el Sol. Dicho de otro modo, la energía de fusión es la base que sostiene la actividad solar y, en consecuencia, la fuente última de todo lo que ocurre en la Tierra. La vida tal y como la conocemos es posible porque en el interior del Sol se producen reacciones de fusión nuclear. El informe señalaba que reproducir en la Tierra, de forma controlada, lo que sucede en el Sol no era posible ni a corto ni a medio plazo. Aunque esta afirmación en el presente empieza a dejar de ser plenamente cierta.

En el otro lado de la balanza se encuentran los núcleos pesados, que también son capaces de producir energía de origen atómico. En este caso, el proceso es diferente: la energía por la ruptura o fisión de los núcleos cuando es bombardeado por otras partículas, fundamentalmente neutrones. Al dividirse el núcleo pesado en dos partes iguales, se libera una gran cantidad de energía y, además, se emiten más partículas que pueden golpear otros núcleos y romperlos lo que genera una reacción de fisión en cadena. En los años cuarenta, el único elemento pesado presente en la naturaleza que se conocía capaz de sostener una reacción en cadena y producir energía mediante fisión nuclear era uranio. Por ello, el sistema de garantías al que se refiere el informe presta mucha atención al control de las reservas de uranio existentes en el planeta. Porque, aunque se observó que era posible emplear otro núcleo pesado para producir energía por fisión nuclear, como el torio, en cualquier caso, siempre va a ser necesario disponer de cierta cantidad de uranio.

El informe anticipaba muchos de los desarrollos que se producirían en los años siguientes: el desarrollo de las centrales nucleares, los usos médicos de los materiales de fisión, el abaratamiento de los costes de producción de la energía atómica, etc. Igualmente, podía leerse en el documento que no se podía prohibir la investigación de energía nuclear, es decir, que no se le podían poner «puertas al campo», dado que la energía nuclear no solo tenía consecuencias desastrosas, sino también muy beneficiosas. A lo largo de la historia, prohibir avances científicos se había demostrado bastante dañino y contrario a los intereses que pretendían justificar dicha prohibición.

La tercera sección del informe se centraba en la necesidad de cooperación internacional para alcanzar la seguridad en el uso de la energía atómica. Era, en realidad, el apartado en el que se sentaba las bases del futuro desarrollo de la OIEA. El documento señalaba expresamente que era necesario crear una agencia de desarrollo internacional – necesariamente internacional— y que debía depender de las Naciones Unidas. Dicha agencia debería cumplir dos propósitos. Por un lado, promover el uso beneficioso de la energía atómica, o uso pacífico. Por otro, garantizar la seguridad en ese mismo uso. Si se comparan las funciones previstas para esta agencia con las que hoy desempeñan muchas autoridades reguladoras nacionales en materia de protección radiológica —como el Consejo de Seguridad Nuclear en España—, se observa que coincidían con lo que el informe estadounidense ya esbozaba a comienzos de 1946: otorgar licencias de actividad y llevar a cabo labores de control e inspección. El documento, además, tenía en cuenta la creación, en enero de 1946, de la Comisión de Energía Atómica de las Naciones Unidas.

La última sección del informe trataba de describir una transición hacia un sistema de control internacional de la energía atómica. En primer lugar, se preveía un subperiodo de discusión en el marco de la Comisión de Energía Atómica de la ONU. Los resultados de esa discusión se elevarían al Consejo de Seguridad y, posteriormente, a la Asamblea General. En un segundo subperiodo se contemplaba la creación forma de una agencia de desarrollo atómico.

A pesar del tono esperanzador de este informe, en el año 1949 se produjo un cambio en el Gobierno de los Estados Unidos que favorece la investigación en armamento termonuclear. En un documento desclasificado del Consejo de Seguridad Nacional de los Estados Unidos fechado el 7 de abril de 1950, puede consultarse el análisis de los objetivos del país y de su programa de seguridad nacional. Se iniciaba entonces la época de la conocida «caza de brujas» en Estados Unidos, durante la cual prácticamente cualquier personalidad mínimamente sospechosa de vínculos con el comunismo podía ser investigada por presunto espionaje a favor de la URSS. Entre los nombres que llegaron a ser objeto de sospecha figuraba el propio Einstein. Era el comienzo de la denominada Guerra Fría.

En el informe desclasificado se recogía cómo el presidente Truman había tomado la decisión de reexaminar los objetivos de los Estados Unidos, tanto en tiempos de paz como en tiempos de guerra, ante la alta probabilidad capacidad de que la Unión Soviética desarrollara una bomba de fisión o incluso un arma termonuclear. Se indicaba, además, que, si las pruebas de la bomba termonuclear resultaban satisfactorias, se incrementaría la producción de este tipo de artefactos, al igual que en el caso de la bomba de fisión. En el apartado dedicado al análisis del origen de la crisis, se afirmaba que la URSS pretendía imponer su autoridad sobre el resto del mundo y, ante esa amenaza, el Gobierno estadounidense justificaba la necesidad de actuar apelando, entre otros argumentos, a su propia Constitución, que le encomendaba la defensa de las libertades y del sistema democrático. Por contraste, el informe atribuía a la Unión Soviética un objetivo opuesto: ejercer un poder absoluto en su territorio y en los países bajo su control, así como destruir los gobiernos fuera de su control. De esta forma, quedaba formulada con claridad la idea de un enemigo principal —la URSS— y se consolidaba el enfrentamiento entre las dos superpotencias. La consecuencia inmediata sería una carrera armamentística marcada por la búsqueda de un arsenal nuclear cada vez más potente que el del adversario.

El informe desclasificado consultado analizaba las intenciones de la URSS y destacaba una cuestión muy importante: la URSS poseía menos recursos económicos que Estados Unidos, pero podían conseguir mucho más que los propios americanos porque tenían unos estándares de vida inferiores y su poder era esencialmente un poder militar. Con los datos que se manejaban en el momento de redactarse el informe, la economía de los Estados Unidos era cuatro veces superior a la de la URSS.

Incluso el informe esbozaba la posibilidad real de una guerra en 1950, en la que no descartaba ataques con armas atómicas e incluso señalaba como posibles objetivos puntos de Alaska, Canadá y otras zonas de los Estados Unidos. Además, incluía un análisis de la hipotética guerra. Basándose en datos de la CIA y del propio Ejército, se estimaba que la URSS dispondría de una capacidad nuclear de entre 10 y 20 bombas de fisión, que aumentaría progresivamente hasta alcanzar las 200 bombas en cuatro años, en 1954. También se indicaba que la URSS contaba con aviones capaces de transportar estas bombas y que estaba cerca de conseguir la bomba termonuclear, la famosa bomba H, con un poder destructivo muy superior al de la bomba atómica.

En conjunto, el informe apuntaba a un giro de 180 grados en la política de los Estados Unidos, encaminado a una confrontación directa con la URSS. A pesar de que tener el potencial militar superior al de cualquier otro país, el propio documento reconocía que, en caso de un enfrentamiento directo, se encontraría en una situación de debilidad en términos de medios humanos al disponer de un ejército más pequeño que el soviético. No obstante, también se afirmaba que, a finales de los años cuarenta, la capacidad de armamento atómico de los Estados Unidos, tanto en unidades disponibles como en capacidad operativa, era suficiente para causar un daño muy severo a la URSS. Sin embargo, según el mismo informe, esa capacidad sería igualada —si no superada— por la Unión Soviética a mediados de los años cincuenta. Debido a esto, el documento consideraba necesario incrementar tanto el número de bombas como su potencia para hacer frente a la amenaza soviética. Asimismo, señalaba que, a finales de los cuarenta y principios de los cincuenta, ya se había iniciado la carrera por ser el primero en conseguir la bomba H.

De este modo, llegamos a mediados de los años cincuenta. Han pasado menos de diez años desde los lanzamientos sobre Hiroshima y Nagasaki. El mundo se encontraba ya en plena Guerra Fría, inmerso en una carrera tanto por conseguir la bomba termonuclear como por aumentar el número de artefactos atómicos.

Hasta este punto hemos repasado el inicio de la carrera desde la perspectiva de los Estados Unidos, pero ¿qué ocurría al otro lado del tablero? Si hay una fecha que marque la entrada en escena de la Unión Soviética en la carrera por las armas atómicas, conviene situarla en algún momento de los primeros días del mes de septiembre de 1949. No se conoce el día exacto, pero sí el mes, y lo sucedido entonces resultó decisivo para entender la evolución posterior de la carrera nuclear.

Cuando se produce una explosión atómica, sus efectos devastadores resultan complicados de prever con precisión; al menos, en los inicios de la carrera nuclear era así. Además, las condiciones meteorológicas pueden hacer que la nube radiactiva generada se desplace hacia lugares inesperados. Esto fue precisamente lo que ocurrió en los años ochenta del siglo xx cuando, tras el accidente de la central nuclear de Chernóbil, la nube radiactiva se dirigió hacia la península escandinava y contaminó amplias zonas de su parte central y también áreas del centro de Finlandia, en parte debido a las condiciones meteorológicas en el momento del accidente.

Algo parecido ocurrió muchos años antes, en septiembre de 1949. Aquel mes, un avión de la Fuerza Aérea de los Estados Unidos se encontraba recogiendo muestras en una zona del Pacífico. Empleaba un método muy habitual en la caracterización de muestras radiactivas en el aire: utilizar filtros para captar el aire y luego medirlos con detectores de radiactividad en un laboratorio. Se trata de una técnica común en el control de la radiactividad ambiental, y precisamente por eso el resultado obtenido en esta ocasión llamó tanto la atención

Los filtros recogidos por el avión revelaron algo diferente a lo esperado. El análisis posterior concluyó que habían captado, con toda seguridad, restos procedentes de una prueba de explosión atómica. El hallazgo resultó sorprendente porque, al menos oficialmente, en el verano de 1949 el único país con capacidad tecnológica para realizar pruebas de este tipo Estados Unidos. Y el país no había llevado a cabo ninguna prueba que explicara los resultados revelados.

El 9 de septiembre de 1949, el presidente de los Estados Unidos, Harry S. Truman, recibió un informe en el que se señalaba la detección en las muestras de los filtros y se le indicaba que solo podía haber dos razones para el resultado del análisis: los filtros habían registrado una explosión de un arma atómica, o bien se trataba de un accidente en una planta nuclear. El 21 de septiembre se confirmó la sospecha de que era una explosión atómica, y se anunció y publicó en los Estados Unidos. El resultado fue que la URSS disponía de la bomba atómica y acababa de probarla.

El hallazgo de los filtros permite hacerse una idea del alcance de una explosión atómica. La prueba de la URSS, como se supo después, no se produjo en el océano Pacífico, sino a miles de kilómetros de distancia, en la república soviética de Kazajistán. Sin embargo, las secuelas de aquella prueba recorrieron miles de kilómetros y, con tecnología de los años cuarenta, pudieron detectarse perfectamente desde un avión que sobrevolaba el océano Pacífico. Esta fecha se consideró la entrada en la carrera por las armas atómicas de la Unión Soviética, y el informe surgió, entre otros motivos, como consecuencia de este hecho de septiembre de 1949.

Para llegar a poder detonar con éxito la bomba atómica, el programa nuclear de la URSS había comenzado varios años antes. Tras las bombas de Hiroshima y Nagasaki, Stalin ordenó realizar todos los esfuerzos necesarios para desarrollar una bomba atómica en la Unión Soviética. Ya en 1939, un físico teórico poco conocido fuera de la URSS, Igor Tamm, se había dado cuenta —al igual que otros colegas— de que el descubrimiento de la fisión nuclear hacía posible la producción de una bomba con una capacidad destructiva inmensa.

Igor Tamm recibió el Premio Nobel de Física en 1958 por el descubrimiento, junto con otros colegas, de la famosa radiación de Cherenkov. Además, propuso el sistema tokamak junto con Andrei Sakharov para desarrollar la fusión nuclear. Tamm fue uno de los físicos que trabajaron durante los años cuarenta y cincuenta en el proyecto de la bomba termonuclear soviética: la bomba H o bomba de hidrógeno.

Entre 1939 y 1945 tuvieron lugar tres decisiones clave en el programa nuclear de la URSS. En 1940, la Academia de Ciencias renunció a pedir fondos al Gobierno para trabajar en temas relacionados con el uranio. En 1942, el Comité Estatal de Defensa de la URSS inició un proyecto a pequeña escala para desarrollar una bomba atómica. Finalmente, en 1945 se tomó la decisión de construirla.

Años antes, como ya se vio en la década de 1930, la colaboración internacional entre los científicos era muy habitual, lo que permitió acelerar los avances en física nuclear que acababa de nacer. Era frecuente que los físicos soviéticos realizaran estancias fuera de la URSS, y que investigadores extranjeros participaran en congresos organizados dentro de la Unión Soviética. Sin embargo, a medida que se acercaba 1939, estas colaboraciones internacionales se volvieron mas complicadas. Hasta entonces, por ejemplo, en septiembre de 1933 el Instituto de Física Técnica de Leningrado había organizado la primera conferencia soviética en física nuclear, en la que la mitad de los trabajos presentados correspondieron a científicos no soviéticos.

A finales de los años treinta, los físicos soviéticos comenzaron a estudiar que la reacción en cadena podía darse bien con ^{238}U y agua pesada o con ^{235}U. Como consecuencia, en la URSS comenzaron a desarrollarse técnicas de enriquecimiento de ^{235}U. En un congreso en abril de 1940, se prestó especial atención a la separación del ^{235}U y a la producción de agua pesada. En junio de ese mismo año se creó la Comisión del Uranio de la URSS y, a finales de 1940, Nikolai Semenov, director del Instituto Khariton, escribió al Gobierno de la URSS explicando la posibilidad de construir una bomba de gran poder destructivo. No obstante, el 22 de junio de 1941, Hitler ordenó el inicio de la operación Barbarroja y todo el programa atómico de la URSS quedó en pausa.

La operación Barbarroja retrasó todo el avance de los soviéticos, que estaban cerca de conseguir la bomba atómica; incluso podría haber ocurrido antes que en los Estados Unidos, ya que podrían haber conseguido la reacción en cadena antes que Fermi en Chicago. La operación evitó el equivalente a un Proyecto Manhattan en la URSS, aunque los soviéticos sabían que algo se estaba llevando a cabo en secreto en el otro lado del Atlántico. ¿Cómo podían saberlo? En abril de 1940, los científicos estadounidenses tomaron la decisión de detener las publicaciones científicas sobre los avances en física nuclear para no suministrar información a los nazis. Los soviéticos lo descubrieron y empezaron a sospechar que algo ocurría, aunque no imaginaban que pudiera tratarse de algo como el Proyecto Manhattan.

A medida que la operación Barbarroja fue fracasando, se retomaron las investigaciones sobre el denominado «problema del uranio». La decisión de comenzar el proyecto de construcción de la bomba atómica de la URSS se tomó durante una de las batallas más famosas de la II Guerra Mundial y de la historia: la batalla de Stalingrado. En el frío invierno de 1942 y, por el modo en el que avanzaba la guerra, resultaba evidente que la bomba no estaría lista para usarse durante el conflicto. Los soviéticos contaban con información muy actualizada del avance del Proyecto Manhattan gracias a uno de los espías infiltrados en el proyecto, el físico Klaus Fuchs, cuya vida fue realmente de película.

En el Proyecto Manhattan trabajaron los mejores físicos del momento. Pero ¿y en la URSS? Casi todo se tuvo que hacer con recursos propios, aunque existieron los intentos por reclutar a los mejores físicos, como la invitación a Niels Bohr cuando se encontraba en Suecia después de escapar de los nazis desde Dinamarca, pero los rechazó. Otros físicos sí se pasarían al lado soviético casi cuando el Ejército Rojo estaba entrando en Berlín, como es el caso del físico Hertz.

En agosto de 1945, la decisión de la bomba atómica de la URSS ya iba en serio, más aún después de las experiencias de Trinity y de las explosiones de Hiroshima y Nagasaki. Para comprender cómo se tomó esta decisión, conviene viajar a la pequeña ciudad alemana de Potsdam, en el estado de Brandeburgo, que se hizo conocida por la conferencia celebrada en julio de 1945, en la que Stalin, Truman y Churchill participaron durante varios días en reuniones cara a cara. En una de ellas, Truman recibió la noticia de que Trinity se ha probado con éxito y anunció a Stalin que los Estados Unidos disponían de un arma nueva, de un poder destructivo nunca antes conocido, aunque sin mencionar expresamente que se trataba de la bomba atómica. Truman y Churchill quedaron convencidos de que Stalin no había entendido bien el alcance de sus palabras. Sin embargo, en las memorias del mariscal Zhukov, se indica lo contrario: Stalin entendió perfectamente que los Estados Unidos habían probado con éxito una bomba atómica y fue entonces cuando da la orden de acelerar al máximo el proyecto soviético. En agosto de 1945, sin embargo, otras fuentes indicaron que no estaba del todo claro que los hechos hubieran ocurrido exactamente así. En cualquier caso, a partir de la conferencia de Potsdam se aceleró el programa atómico de la URSS.

Cuatro años después, en el verano de 1949, la URSS probó con éxito su primera bomba atómica. Esta recibió, por parte de los Estados Unidos, el nombre en clave de «Joe I». Su explosión desencadenó una cadena de reacciones en el país para acelerar su propio programa atómico y avanzar hacia la construcción de un artefacto más potente: la bomba termonuclear.

La carrera entre las dos superpotencias se aceleró. En agosto de 1953, la URSS detonó la primera bomba termonuclear de fusión. Su nombre en clave fue «Sloika» y uno de sus padres fue Andrei Dimitrovich Sakharov, al que se ha hecho referencia. Los Estados Unidos la bautizaron como Joe 4 y, en realidad, se trató de una bomba detonada por fisión nuclear, no exactamente una bomba al 100 % de fusión nuclear. No obstante, en torno al 20 % de la energía que generó Sloika sí procedió de fusión pura.

Unos meses antes, en de noviembre de 1952, los Estados Unidos habían detonado con éxito la primera bomba termonuclear de la historia. Era un artefacto de 10 megatones y el nombre en clave fue Ivy Mike. Esta prueba se llevó a cabo en una de las islas Marshall, en pleno océano Pacífico. La explosión fue tan potente que la isla donde se realizó la prueba desapareció por completo.

La carrera prosigue y, en 1955, en Kazajistán, la URSS probó de nuevo, el 22 de noviembre, otra bomba nuclear que se considera la verdadera bomba H, la primera superbomba soviética. En esta ocasión, por primera vez en las pruebas nucleares, murieron al menos tres civiles al derrumbarse un edificio en las proximidades del lugar donde se produjo la explosión.

Sin embargo, en esta carrera por simular el Sol en la Tierra a través de bombas atómicas cada vez más potentes no solo se enfrentaron los Estados Unidos y la URSS. También se incorporaron otros países, decididos a formar parte del reducido club de potencias nucleares.

Tras esas dos potencias, el siguiente país en unirse al club fue el Reino Unido, lo cual no resulta sorprendente, dado que participó en el Proyecto Manhattan y, por lo tanto, tuvo acceso a la tecnología desarrollada en este proyecto. El Reino Unido entró en la carrera nuclear el 3 de octubre de 1952, con la explosión de una bomba de 25 kilotones en una isla de Australia. Cinco años más tarde, el 8 de noviembre de 1957, los británicos probaron su primera bomba termonuclear. Años después se incorporaron dos nuevos países: Francia y China. Los franceses detonaron en Argelia, el 13 de febrero de 1960, una bomba atómica de unos 70 kilotones y, en agosto de 1968, probaron en el Pacífico su primera bomba termonuclear. China se estrenó como potencia con capacidad atómica el 16 de octubre de 1964 y, tres años más tarde, el 17 de junio de 1967, probó su primera bomba termonuclear. Más países se unirían posteriormente: India (1974), Pakistán (1998) y Corea del Norte (2006).

Para poder detener esta carrera nuclear, el 1 de julio de 1968 se firmó el primer tratado internacional de no proliferación nuclear. Los países firmantes fueron los Estados Unidos, la URSS, el Reino Unido y otras 59 naciones, a las que se unieron China y Francia en 1992. Antes de la firma del tratado, tuvo lugar una serie de movimientos en las Naciones Unidas, precedidos por uno de los discursos más famosos de la Asamblea. La ONU iba a intentar poner fin a la carrera por disponer de armas nucleares capaces de destruir el mundo varias veces y orientar la tecnología nuclear —el átomo— al beneficio de la humanidad. ¿Cómo iba a intentar hacerlo?

11

ATOMS FOR PEACE

Uno de los trabajos más interesantes que puede llegar a realizar quien se dedica a la radiactividad es, posiblemente, trabajar en algún momento para la OIEA, la Organización Internacional de la Energía Atómica (también conocida por sus siglas en inglés, IAEA: International Atomic Energy Agency). Cuando se viaja por primera vez a una reunión de la OIEA, lo habitual es desplazarse a Viena, la capital de Austria, en pleno corazón de Europa. Al llegar a la sede del organismo, en el centro de la ciudad, se puede observar una isla urbana presidida por un edificio emblemático cuya silueta es mundialmente conocida. En realidad, se trata de dos edificios prácticamente idénticos, ubicados uno al lado del otro, con una gran plaza entre ambos. En esa plaza, alrededor una fuente, ondean las banderas de cada uno de los países miembros, y es, posiblemente, uno de esos lugares donde más fotografías se toman, porque se quiere inmortalizar el momento antes de entrar en la reunión a la que se ha sido convocado.

A pesar de que el complejo se ubica en la capital de Austria, en su interior no se habla alemán, o al menos no solo alemán. El idioma oficial es el inglés, junto con los otros idiomas oficiales de la ONU: español, chino, árabe y francés, si bien las reuniones en su gran mayoría se realizan en inglés. Al pasear por el interior de los edificios, llama mucho la atención escuchar multitud de lenguas diferentes, dado que es posible encontrarse con expertos procedentes de cualquiera de los países miembros de la OIEA.

El acceso al edificio se realiza a través de un control de seguridad situado en la entrada del VIC (Vienna International Centre) con agentes de seguridad que no pertenecen a la policía de Viena, sino que forman parte del personal de seguridad de las Naciones Unidas. Una vez dentro del edificio, se accede a uno de los organismos que integran la propia ONU. Se está, por así decirlo, en territorio internacional: un espacio que no es de nadie y, al mismo tiempo, es de todos. En el interior, la sensación es la de encontrarse en un complejo donde personas de cientos de culturas diferentes trabajan para que el átomo se emplee en beneficio de toda la humanidad.

En comparación con lo explicado en el capítulo anterior, la diferencia es de 180 grados. En el club de las naciones con armamento nuclear, la dinámica de trabajo es absolutamente diferente a la de la OIEA. Este club emplea la energía atómica con fines bélicos y la cooperación prácticamente no existe. Los miembros compiten unas contra otras por ver quién tiene el arsenal atómico más poderoso y con mayor capacidad.

En los años cincuenta, resultaba a todas luces evidente que el uso de la radiactividad con fines bélicos debía de frenarse en algún momento. Incluso J. Robert Oppenheimer, uno de los firmantes del informe reclamaba un control internacional de la energía atómica. Se pedía la creación de un organismo internacional que regulase esta fuente de energía, dado que dicho control a escala mundial se consideraba la única forma de garantizar un uso pacífico.

Las recomendaciones del informe se hicieron cada vez más patentes a medida que se avanzaba la carrera por disponer de armas atómicas más potentes y esta agencia terminaría siendo la OIEA. Ahora bien, ¿cómo se llegó a su creación? Naturalmente, no fue algo que surgiera de la noche a la mañana. ¿Cuándo nació realmente? Es decir, ¿qué fecha se usaría en los años siguientes para celebrar los aniversarios? Esta fecha suele fijarse en el mes de diciembre de 1953, en concreto, el día 8. Si se mira atrás, apenas habían pasado ocho años desde el final de la II Guerra Mundial y, si se retrocede aún más, poco más de cincuenta años desde que Marie Curie realizó sus descubrimientos sobre radiactividad o Max Planck propuso la teoría cuántica. Este dato es importante, porque con frecuencia se pierde la perspectiva histórica de los acontecimientos: cuando se creó la OIEA, ni siquiera se había construido el muro de Berlín, una muestra más de los enormes avances que se produjeron en la primera mitad el siglo XX.

Sin embargo, en ese diciembre de 1953, el mundo se encontraba en plena Guerra Fría, o en sus inicios. La competencia entre la URSS y los Estados Unidos era feroz por acumular armamento atómico. Además, se realizaban pruebas nucleares de manera habitual y sin ningún tipo de impedimento, por lo general en islas del Pacífico. Este escenario era el preferido por los estadounidenses, mientras que la URSS solía emplear territorios de alguna de sus repúblicas, como en el caso de la primera prueba nuclear en Kazajistán. Estas pruebas nucleares se realizaron fundamentalmente en las décadas de los cincuenta y sesenta. Aunque afortunadamente se prohibieron, sus consecuencias siguen pudiendo medirse actualmente: todavía es posible detectar ciertos isótopos procedentes aquellas explosiones.

Pero ¿qué ocurrió exactamente el 8 de diciembre de 1953 para que se considere el día del nacimiento de la OIEA? Las Naciones Unidas se habían fundado ocho años antes, recién terminada la II Guerra Mundial. Hubo intentos previos, como la iniciativa de la Sociedad de Naciones creada al final de la

I Guerra Mundial, que fracasó estrepitosamente. Sin embargo, esta vez, parecía que el proyecto de la ONU iba en serio y podía funcionar. Al finalizar la II Guerra Mundial, 51 países decidieron unirse en la Organización de las Naciones Unidas. Este organismo oficialmente se fundó el 24 de octubre de 1945, apenas seis años después de que el ejército nazi invadiera Polonia. La creación de la ONU se produjo algunos meses después de la famosa Conferencia de San Francisco celebrada entre abril y junio de 1945, cuando ya se vislumbraba el final de la guerra. En ella se aprobó la Carta de las Naciones Unidas, que dio paso a la fundación oficial el 24 de octubre de 1945; esta fecha se celebra cada año como el Día de las Naciones Unidas.

Ocho años después, durante la reunión de la Asamblea General de la ONU —en la que cada año se reúnen los líderes de los países miembros—, el presidente de los Estados Unidos en aquel momento, Eisenhower, se preparó para pronunciar un discurso que pasaría a la historia. Era su intervención anual ante la Asamblea, pero ese año no sería una cualquiera: sería uno de esos discursos que se recordarían en el futuro.

Unos días antes de que Eisenhower ganara las elecciones a la presidencia de los EE. UU., el país había llevado a cabo con éxito la prueba de una bomba termonuclear. El lugar elegido fueron las Islas Marshall, en concreto en Elugelab. El arma alcanzó una potencia de 10 megatones. Conviene recordar, para situar el orden de magnitud, que un megatón equivale a mil kilotones. Para hacerse una idea de la potencia de este ensayo basta con compararlo con la primera bomba atómica, la de Hiroshima: la bomba lanzada sobre la ciudad tenía una potencia de unos dieciséis kilotones, mientras que la detonada en la isla Elugelab fue mil veces superior. Esto permite apreciar la rapidez con la que se desarrolló el armamento atómico durante la década de los cincuenta. En otras palabras, si se compara con un explosivo convencional TNT, la bomba probada tuvo una potencia equivalente a diez millones de toneladas de TNT.

Al hablar de esta isla, además, debe hacerse en pasado, porque tras la prueba literalmente desapareció del mapa. En su lugar quedó un cráter de aproximadamente de un kilómetro y medio de diámetro. La bomba termonuclear había destruido por completo una isla entera. Ese era el escenario de la carrera nuclear cuando Eisenhower fue elegido presidente.

Eisenhower se encontró con una situación en la que los Estados Unidos y la URSS no solo estaban inmersos en la era atómica, sino un paso más adelante porque se había iniciado la era termonuclear, con armas muchísimo más potentes. El presidente era consciente del riesgo de que el descubrimiento realizado por Marie Curie fuera usado para aniquilar a la humanidad por completo si la carrera nuclear alcanzaba una situación de descontrol. En ese contexto, Eisenhower tenía claro su objetivo en la sede de la ONU: quería que el mundo pasara de una política de «átomos para la guerra» a una de un sentido totalmente opuesto, «átomos para la paz», concepto que titularía su discurso (Atoms for peace).

El discurso de Eisenhower ante la Asamblea General de la ONU merece ser analizado en detalle, porque supuso un antes y un después en la carrera nuclear. Seguramente sea uno de los discursos más importantes que se han producido en el edificio de la ONU en Nueva York. Afortunadamente, hoy en día podemos consultar el documento íntegro del discurso, nueve páginas en total. Entre los que escuchaban con suma atención el discurso estaba el primer secretario general de las Naciones Unidas, el sueco Dag Hammarskjöld, hoy poco conocido por el gran público, pero que con un papel fundamental en el desarrollo de la organización durante sus primeros años y una figura muy relevante en Suecia. Tiene dedicadas varias calles y, el día de su muerte, el país entero se detuvo para guardar un respetuoso minuto de silencio.

El 8 de diciembre, ante los líderes mundiales, Eisenhower comenzó su intervención con una referencia a una conferencia

Sello conmemorativo del discurso de Eisenhower en la sede de la ONU,
Atoms for peace.

celebrada unos meses antes en las Bermudas. En esa reunión
estuvieron presentes representantes de los EE.UU., Francia y
el Reino Unido, aliados de la II Guerra Mundial. Eisenhower
alabó la iniciativa de la creación de Naciones Unidas y de su
Asamblea General, y señaló que nunca antes en la historia tantas personas, en representación de tantos países, se habían reu-
nido bajo el paraguas de una misma organización.

En los primeros momentos del discurso, Eisenhower señaló
que iba a presentar una propuesta con el objetivo de reducir las
tensiones existentes en el mundo en aquel 1953. Indicó que el
mejor marco para ello era, precisamente, la Asamblea General
de la ONU. Y lo planteó porque, según sus propias palabras, el
lenguaje que se empleaba en el mundo en ese momento era
el lenguaje de la guerra atómica. Esto resulta especialmente
relevante, dado que lo afirmaba alguien como Eisenhower,

militar de profesión, y tiene el mérito añadido de que el propio presidente reconocía que nunca debería haberse recurrido a tal lenguaje.

Naturalmente, en el discurso habló desde la perspectiva de su país y se mostró profundamente sincero. Resumió la carrera atómica y señaló que fueron los Estados Unidos quienes, con la prueba de Trinity en Alamogordo en julio 1945, la iniciaron. Desde entonces y hasta la fecha del discurso, su país había realizado nada menos que 43 pruebas de armas atómicas. Se trataba de una cifra impresionante: 43 ensayos en apenas ocho años que equivalen a unos cinco anuales o, casi, una detonación cada dos meses. En términos de potencia armamentística nuclear, ocho años después de los bombardeos de Hiroshima y Nagasaki, el poder del arsenal nuclear era veinticinco veces superior. Además, se había desarrollado la bomba termonuclear, todavía más potente que la atómica, con una capacidad equivalente a millones de toneladas de TNT.

En su repaso de la actual carrera nuclear, Eisenhower afirmó que no solo los Estados Unidos poseían capacidad nuclear, sino también Francia, el Reino Unido y, naturalmente, la Unión Soviética. A su juicio, esta dinámica no se frenaría, sino que se aceleraría y se expandiría en términos de sistemas de alerta y de defensa.

No obstante, era plenamente consciente de que aquel enorme gasto no era en absoluto una garantía total, ni para sus ciudadanos ni para los países, ni siquiera para sus ciudades. Al referirse a un potencial ataque con su país, Eisenhower indicó expresamente que tendría que responder; sin embargo, en ese escenario, la represalia no serviría en realidad de mucho, dado que el resultado final sería la destrucción total. Y el presidente no deseaba pasar a los libros de historia como uno de los mayores destructores en la historia de la humanidad.

Conviene remarcar que todas estas declaraciones —algunas muy duras, pero a la vez muy realistas— las formuló

Eisenhower en 1953 delante de los líderes mundiales reunidos en la ONU, entre los que se encontraban los soviéticos.

Por todo lo expuesto, Eisenhower señaló que los Estados Unidos estaban en disposición de buscar acuerdos. En el mundo dividido de los años cincuenta, admitía, sería una tarea realmente complicada; aun así, merecía la pena el esfuerzo y debía intentarse. Así lo expresó meridiana claridad en el texto original del discurso. Eisenhower afirmó, además, que esa búsqueda de un acuerdo no podía esperar y que debía hacerse AHORA (en el discurso aparece exactamente así, en mayúsculas: «NOW»).

El discurso continuó con un repaso de la situación internacional en ese mes de diciembre, poniendo especial atención a la división de Alemania y a los problemas de la guerra de Corea. El presidente manifestó su desea de mantener una reunión con cuatro protagonistas: los EE. UU., Francia, Reino Unido y la URSS. Resulta llamativo que indicara que no pretendía, ni mucho menos, pedir a la Unión Soviética que renunciara a lo que legítimamente era suyo.

En ese momento, Eisenhower mencionó por primera vez el nombre de la OIEA. Ocurre al afirmar que los Estados Unidos proponían llevar a cabo una contribución, con cargo a sus propias reservas de uranio y otros materiales fisionables, para crear una «agencia internacional de la energía atómica» tal y como aparece textualmente en su discurso. Eisenhower añadió que tal agencia debía depender únicamente de las Naciones Unidas.

En su última página, el presidente señaló algunas de las funciones que debería asumir ese organismo internacional: el almacenaje y la protección de los materiales fisionables que recibiera, así como el desarrollo de métodos y procedimientos para que todos ellos sirvieran de forma pacífica a la humanidad. Además, mencionó algunas aplicaciones a las que se hará referencia más adelante. Este organismo, esta agencia, debía aplicar la tecnología nuclear a campos muy diversos, como la agricultura, la alimentación, la medicina o la generación de energía. Asimismo, propuso que en él trabajaran científicos para garantizar la neutralidad y la independencia. Y, por supuesto, la URSS debía formar parte inequívoca de ese organismo de la energía atómica de las Naciones Unidas.

El discurso concluyó con un pasaje en el que el presidente indicó su intención de someter la propuesta que acababa de presentar ante la Asamblea de la ONU al Congreso de los Estados Unidos. Además —y esta es una parte que normalmente nunca se menciona cuando se hacen alusiones al famoso discurso—, anunció que también propondría al Congreso el inicio del desmantelamiento del potencial destructivo del almacén nuclear. De nuevo, conviene recordar que esta intención se expresó en pleno mes de diciembre de 1953. Todavía tendrían que pasar muchos años hasta que comenzaran a negociarse y firmarse los tratados internacionales de desmantelamiento del armamento nuclear. Se puede considerar que el discurso de Eisenhower dio el pistoletazo de salida para dichos tratados. Por primera vez se reconocía, en un marco de tanto simbolismo como la Asamblea de la ONU, que no se podía seguir aumentando el arsenal nuclear y, no solo eso, sino que era necesario comenzar a pensar en su desmantelamiento.

Con esa mención al desmantelamiento terminó uno de los discursos más famosos pronunciados en la sede de las Naciones Unidas, destinado a pasar a la historia. Su título, *Atoms for peace* («Átomos para la paz»), se convirtió en uno de los lemas que aparece incluso en documentos de la propia OIEA y define perfectamente el sentido del organismo. Sin embargo, curiosamente, en ninguna de las casi nueve páginas del discurso se menciona de forma explícita.

Tras el discurso de Eisenhower, todavía tuvieron que pasar algunos años hasta que se aprobara de manera formal la creación del Organismo Internacional de la Energía Atómica. El estatuto fundacional de la OIEA quedó finalmente aprobado el

23 de octubre de 1956, casi tres años después de aquella intervención, en el marco de una conferencia sobre el átomo celebrada ese año en la sede neoyorquina de las Naciones Unidas. El estatuto de la OIEA entró en vigor el 29 de julio de 1957. En ese momento, habían pasado doce años exactos desde que en, un lugar del desierto de Nuevo México, un artefacto bautizado como Trinity explotara con una intensidad comparable a miles de soles en plena madrugada.

La aprobación del estatuto contó con el apoyo de 81 países y fue respaldada por unanimidad. Cuando Eisenhower, en nombre de los EE. UU., ratificó el estatuto de la OIEA, pronunció en los jardines de la Casa Blanca otro discurso, también solemne y famoso, en el que dejó una frase para la historia: «La división del átomo debe llevarnos a la unificación de un mundo dividido».

Así arrancó la OIEA, que desarrollaría sus misiones en los años siguientes. Su tarea principal quedó estrechamente ligada a la tecnología nuclear y siguió casi al pie de la letra no solo las ideas del discurso de Eisenhower, sino también las recomendaciones del informe elaborado, entre otros, por el propio J. Robert Oppenheimer: la OIEA debía velar por el uso pacífico de la energía nuclear y garantizar que esta tecnología beneficiara a toda la humanidad.

La sede de la OIEA está operativa desde el mes de agosto de 1979 en el centro de Viena, el Vienna International Centre. También hay otros edificios repartidos por el mundo, como oficinas regionales en Canadá (Toronto) y Japón (Tokio) abiertas desde 1979 y 1984, respectivamente. En lo que concierne a las labores puramente científicas, la OIEA dispone de laboratorios especializados en radiactividad y tecnología nucleares ubicados también en la localidad austriaca de Seibersdorf y en Mónaco. En el año 2005, la OIEA recibió el Premio Nobel de la Paz por «sus esfuerzos en evitar el uso de la energía nuclear para fines militares y por garantizar que la energía nuclear se emplee con fines pacíficos y se utilice de la forma más segura posible». El galardón

Logo oficial de la OIEA.

fue recogido en Oslo por el director general de la OIEA en aquel momento, el egipcio Dr. Mohamed ElBaradei.

Hasta la fecha de publicación de este libro, la OIEA ha tenido cinco directores generales, además del actual, el argentino Rafael Mariano Grossi, que inició su mandato en 2019. Los anteriores directores generales han sido, por orden cronológico, los siguientes: William Sterling Cole (1957–1961), Sigvard Eklund (1961–1981), Hans Blix (1981–1997, Mohamed ElBaradei (1997–2009) y Yukiya Amano (2009–2019).

En cuanto a la actividad de la OIEA, pueden destacarse dos áreas principales: el programa de cooperación técnica y el programa regular. Ambos cuentan con presupuestos independientes, aprobados en la conferencia de la OIEA, que se celebra cada año en Viena. El programa de cooperación técnica resulta especialmente interesante, pues incluye multitud de misiones a muchos de los países miembros para desarrollar diversas actividades, como labores de formación o la instalación de instrumentación. Estas acciones suelen contar con la colaboración de consultores externos al propio organismo, seleccionados en base a su grado de experiencia. Los expertos deben superar cursos de formación organizados por la OIEA y ser conscientes de que, en su labor como consultores externos, representan al organismo y no a sus países ni a sus empleadores. Esta labor resulta muy gratificante, al poner en contexto la colaboración internacional de la que hace gala la OIEA. Se trata de una oportunidad para compartir el conocimiento entre especialistas de diferentes países y culturas, y convertir el uso de la tecnología nuclear en un beneficio para todos.

En cuanto a los países miembros de la OIEA, conviene señalar que no coinciden exactamente con los de la ONU. Se trata de un proceso diferente y se puede ser miembro de la ONU sin haber ratificado el tratado de la OIEA. A fecha de noviembre de 2025, la OIEA contaba con un total de 180 países miembros (la ONU la componen casi 200 naciones), siendo los últimos en incorporarse las islas Cook y Somalia. Otro país, Maldivas, se encontraba a finales de 2025 en proceso de aceptación y de entrega de documentación.

El programa de cooperación técnica de la OIEA es el encargado de desarrollar el mandato del organismo para el que fue creado. Se ocupa de prestar apoyo científico y técnico con el fin de facilitar el uso pacífico de la tecnología nuclear y contribuir así a los objetivos de desarrollo sostenible establecidos por la ONU. Este departamento cuenta con diferentes divisiones de apoyo a los países miembros, localizadas en las regiones de África, Asia y el Pacífico, Europa, América Latina y el Caribe. Además, dispone de una división especialmente interesante, encargada del programa de acción para las terapias contra el cáncer.

El Departamento de Energía Nuclear de la OIEA tiene como tarea fundamental impulsar el desarrollo de la energía nuclear desde un punto de vista sostenible en aquellos países que no disponen de esta tecnología, y también prestar apoyo a los que sí que la tienen. Entre sus misiones figura el respaldo técnico a las instalaciones nucleares, al ciclo de vida del combustible nuclear, etc. Esta descripción de las funciones del Departamento de Energía Nuclear coincide casi de forma literal con la tarea indicada en el informe de la comisión del Departamento de Energía Nuclear de los Estados Unidos, en el que participó el propio Oppenheimer. El departamento se estructura en tres divisiones internas: una dedicada al ciclo del combustible nuclear y los residuos; otra encargada de la planificación, información y gestión del conocimiento, y la división de energía eléctrica de origen nuclear.

El Departamento de Seguridad Nuclear de la OIEA tiene como objetivo proteger a la población de los efectos dañinos de las radiaciones ionizantes (la radiactividad). Está formado por seis divisiones internas que abarcan prácticamente todos los campos de protección frente a la radiactividad: la seguridad de las instalaciones nucleares, la propia seguridad nuclear, la seguridad en el transporte y en el tratamiento de los residuos nucleares, el centro de emergencias e incidencias y la oficina de seguridad y coordinación. Este departamento vela por la seguridad y la protección de la población ante posibles incidentes en el uso de la tecnología nuclear. Dichos incidentes pueden ser premeditados o, por el contrario, deberse a fallos en los propios sistemas de seguridad de las centrales nucleares.

La OIEA también dispone de un departamento dedicado al estudio de las ciencias nucleares y de sus aplicaciones. Se trata de un área que cubre un amplio espectro de sectores socioeconómicos, como la salud, la agricultura o los alimentos. Está constituido por instalaciones que albergan laboratorios de investigación en tecnología marina y de agricultura y alimentación, una división de ciencias físicas y químicas, y laboratorios de radiactividad que se encuentran en la localidad austriaca de Seibersdorf y en Mónaco.

Por último, la OIEA dispone de un departamento menos técnico, pero de enorme importancia. Está destinado a una de las principales misiones del organismo, tal como se recoge en sus propios documentos fundacionales. Este departamento lleva a cabo inspecciones cuyo objetivo principal es vigilar y garantizar la no proliferación del armamento nuclear en el mundo. La división de operaciones tiene una presencia prácticamente global: este de Asia y Australasia, sur de Asia, Oriente Medio, África, América, Europa y Asia central y del norte, además de ciertos países del oeste de Asia, así como una oficina específica de verificación en Irán. Por otro lado, el departamento incluye, además de lo anterior, una división de planificación y gestión de la información, otra de científicos y técnicos, y una oficina de servicios analíticos. Esta última es la encargada de los análisis del material nuclear y las muestras ambientales tomadas en todo el mundo y, además, coordina la logística de la red de laboratorios analíticos de todo la OIEA en los países miembros. En definitiva, la OIEA, aunque no posee una capacidad

José Luis Gutiérrez.

Sede central de la OIEA en Viena.

estrictamente reguladora en los países miembros, sí que es un organismo internacional que busca precisamente cumplir su misión: lograr que la tecnología que ha sido capaz de dividir el átomo sirva, a su vez, para unir al mundo.

Poder trabajar en las oficinas de la OIEA en Viena o en cualquiera de las múltiples misiones internacionales que realiza el organismo cada año, a través de su programa de cooperación internacional técnica, supone un auténtico privilegio. Ofrece la oportunidad de observar cómo la cooperación internacional, en un ámbito tan relevante como las posibilidades que plantea la división de algo aparentemente tan pequeño e insignificante como un átomo, puede unir a científicos y técnicos de muchas nacionalidades y culturas. En las misiones internacionales de la OIEA es frecuente verlos trabajando codo con codo, a pesar de que, en ocasiones, sean ciudadanos de países con rivalidades históricas o incluso en conflicto.

12

LA RADIACTIVIDAD COMO HERRAMIENTA CONTRA EL CÁNCER

Desde la segunda mitad del siglo XX y hasta nuestros días, los usos pacíficos de la radiactividad se han empleado para salvar miles de vidas. La física y la medicina han estado estrechamente unidas desde hace siglos. De hecho, antiguamente se solía confundir a los físicos y a los médicos, y la separación entre ambas disciplinas resultaba bastante confusa, a menudo tendían a solaparse. Si se recorre la historia de la física y sus grandes nombres, se observa que muchos de ellos se dedicaron también a la medicina o, incluso, que esa era su ocupación principal. Con el tiempo, ambas disciplinas fueron evolucionando y el grado de especialización se incrementó hasta el punto de que hoy están completamente separadas y se estudian de forma independiente.

No obstante, en los estudios de Medicina suele existir en los primeros cursos una asignatura denominada «física médica», normalmente impartida por físicos para acercar los fundamentos de la disciplina a los futuros médicos desde el inicio de su formación. En esencia, consiste en aplicar herramientas de la física a la medicina y, si se piensa un poco, pueden encontrarse multitud de ejemplos. Los latidos de nuestro corazón pueden escucharse y valorar su ritmo e intensidad con la ayuda del estetoscopio, un instrumento desarrollado por físicos que supuso un avance enorme en el diagnóstico de ciertas patologías. También resulta familiar la visita al médico en la que, sobre todo durante la infancia, se golpea la rodilla con un pequeño martillo para desencadenar un acto reflejo que mueve la pierna de forma totalmente involuntaria: el golpe genera un impulso que se transmite mediante un proceso estrictamente físico. Otro ámbito estrechamente ligado a la física es la óptica. La óptica es pura física. Nuestros ojos se comportan de forma similar a como lo hacen las cámaras fotográficas —o quizá habría que decir que es al revés—. Muchos estudiantes de física seguramente recordarán cómo, al explicar ciertas partes de la óptica, los profesores bromeaban con que no vemos exactamente la realidad, sino la transformada de Fourier de la propia realidad. Podrían añadirse muchos ejemplos más, como los impulsos eléctricos con los que nuestras neuronas realizan su trabajo, que el gran Ramón y Cajal supo explicar de forma tan maravillosa. De hecho, es el único científico español que ha obtenido hasta la fecha el Premio Nobel. Al caminar, los procesos físicos están absolutamente presentes, aunque no reparemos en ello.

Una pregunta habitual es por qué resulta posible aplicar la radiactividad a la medicina y cómo, mediante técnicas de tratamiento basadas en sus fundamentos, se pueden salvar vidas, tratar el cáncer o efectuar diagnósticos. Aunque la conexión entre cáncer y radiactividad es extremadamente relevante, las técnicas basadas en la radiactividad se pueden y de hecho se aplican también a otras patologías.

Tras haber recorrido la historia de la radiactividad, sus grandes nombres y sus avances, resulta casi increíble no haber abordado todavía sus conceptos más esenciales. Conviene, por tanto, detenerse en esta radiación: la radiactividad, es decir, la radiación ionizante.

Si se echa un vistazo rápido al espectro electromagnético, se encuentran múltiples tipos de radiaciones con longitudes de onda y energías diferentes. Y esto es así porque todo lo que nos rodea es, de una forma u otra, radiación. Aunque naturalmente no todas son iguales. Se clasifican en dos grandes grupos: ionizantes y no ionizantes. Las radiaciones ionizantes reciben este nombre precisamente porque son capaces de ionizar el átomo. La ionización, en términos sencillos, es el proceso por el que se arrancan electrones a los átomos. El otro gran grupo lo constituyen las no ionizantes, cuya energía no es suficiente para arrancar electrones a los átomos. Ejemplos de este tipo de radiaciones son las ondas de radio, televisión o teléfono, así como las microondas. Se puede hacer un experimento sencillo —existen muchos vídeos en la red—, si se coloca un detector de radiactividad (típicamente un Geiger) al lado de un microondas funcionando y el detector no muestra ninguna señal.

En el caso de las radiaciones ionizantes, su elevada energía y su capacidad para arrancar electrones de los átomos les permite alterar el ADN, ya que las moléculas que lo componen —al igual que cualquier otro tipo— están constituidas por átomos que naturalmente tienen electrones. De este modo, la radiactividad, al ser capaz de arrancar los electrones de los átomos, afecta a las moléculas de ADN — lo que puede tener efectos negativos o positivos—. De ahí que la clave, en medicina, consista en saber distinguir y aplicar las dosis correctas: las necesarias para conseguir los beneficios que se pretenden y, al mismo tiempo, minimizar los daños. Esa es, precisamente, la labor de los profesionales que trabajan con radiactividad en el ámbito sanitario, los especialistas en física médica, presentes en los hospitales y con un conocimiento profundo de sus aplicaciones.

Ahora bien, la interacción con el ADN no es siempre la misma. La razón es que existen distintos tipos de radiactividad, es decir, diferentes clases de radiación ionizante, y cada una lleva asociada una partícula distinta o, en ocasiones, varias. El avance en el estudio de la radiactividad permitió identificar progresivamente esas partículas y, de esta forma, se incorporaron al vocabulario científico términos que hoy son muy comunes como electrón, protón, neutrón, positrón, etc. A medida que se avanzaba en este campo, el universo de partículas aumentó de forma enorme con la llegada de la física nuclear. Estas partículas se asocian a radiaciones diferentes, que se distinguen esencialmente por la energía que lleva asociada cada una.

El primer tipo de radiación, y uno de los primeros que se descubrieron, fue la radiación alfa. La emiten sobre todo isótopos muy pesados, como los del uranio o el torio. En una desintegración alfa se libera una cantidad enorme de energía, enorme a escala atómica, no en términos cotidianos. Esa energía va asociada a partículas alfa, que son grandes en tamaño atómico y, precisamente por ello, se frenan con facilidad: basta con la propia piel o una simple hoja de papel. En el aire, su alcance es de apenas unos pocos centímetros. El problema aparece cuando una partícula alfa se encuentra en el interior del cuerpo, sea cual sea el motivo, porque entonces deposita de golpe toda su energía. Puede compararse con una bola de demolición —de las que se utilizan en las obras para derribar edificios— el impacto libera al instante una gran cantidad de energía y el daño es considerable.

Con menos energía que la emisión alfa y con partículas diferentes, aparece la desintegración beta. Las partículas beta son, de forma sencilla, parecidas a los electrones; de hecho, en ocasiones son electrones. Frente a la desintegración tipo alfa, cuyas partículas son núcleos de helio, las beta son muchísimo más pequeñas y poseen menos energía. Estas características permiten que puedan recorrer más distancia que las alfa y que, para frenarlas, se necesite un material de mayor espesor. Al ser más penetrantes, tienen también una gran utilidad desde el punto de vista médico. Además, la desintegración beta se diferencia de la alfa en la forma de depositar su energía: no lo hace de golpe, sino que las beta la van cediendo poco a poco hasta agotarla. Esta característica resulta también muy relevante en los tratamientos médicos que emplean este tipo de partículas.

Sin embargo, en la naturaleza, se encuentran muy pocos isótopos que sean puramente emisores alfa o beta. En algún momento del esquema de desintegración de un isótopo radiactivo, casi siempre termina apareciendo una desintegración o una emisión gamma. Con ello se llega a la tercera de las formas de desintegración radiactiva, la gamma. También tiene menos energía que la desintegración alfa y su partícula asociada es el fotón. Se trata de una partícula tan sumamente pequeña que ni tan siquiera posee masa. Esto permite que la radiación gamma sea tremendamente penetrante y que se necesiten materiales con espesores muy grandes o con mucha densidad, como puede ser el caso de los materiales que contienen plomo. Y naturalmente, este gran poder de penetración convierte a la radiación gamma en una de las más empleadas y más interesantes en física médica.

Ahora bien, no solo los fotones son los responsables de la radiación gamma; los rayos X también son fotones, el mismo tipo de partícula. Aun así, entre los rayos X y los rayos gamma existen diferencias fundamentales. En primer lugar, la energía es diferente. Los ratos X tienen energías de órdenes inferiores a 100 o 200 kiloelectronvoltios. Esta es una unidad de energía que se emplea al estudiar las interacciones radiactivas y en física nuclear, pero que es muchísimo más pequeña que la unidad de energía establecida por el sistema internacional de unidades, que es el julio. Sin embargo, a escala atómica se emplea el electrónvoltio como unidad de energía. Los rayos gamma, a diferencia de los rayos X, tienen una energía de millones de electrónvoltios, aproximadamente cien veces superiores. La segunda gran diferencia es su origen, es decir, de dónde procede el fotón. Los rayos gamma proceden del núcleo de los átomos, de donde escapan los fotones cuando sucede una desintegración gamma. Los rayos X, por el contrario, provienen de la corteza del átomo, situada muchísimo más lejos que el núcleo.

Esta diferencia entre ambos tipos de rayos explica sus aplicaciones distintas. Los rayos X se emplean en radiografías y también para averiguar el tipo de átomo, es decir, identificar el elemento químico que compone una sustancia. Los rayos gamma, en cambio, permiten estudiar el interior de ese átomo y distinguir diferentes tipos de núcleos para el mismo elemento, en otras palabras, estudian los isótopos. En medicina, estas diferencias permiten muchas aplicaciones.

Así, los rayos X se convirtieron en la primera aplicación directa de la radiactividad en medicina. El año 1895, cuando Wilhelm Röntgen descubrió los misteriosos rayos X, marcó el momento del inicio de su aplicación médica. No hubo que esperar mucho para que la primera unidad de rayos X llegara a España. En 1897, de la mano no de un físico, sino de un farmacéutico, el Dr. Bernabé Dorronsoro, se importó a Granada el primer equipo de rayos X. De este modo, Granada se convierte en la primera ciudad española en disponer de esta nueva tecnología. La primera vez que se empleó el nuevo equipo fue un 27 de mayo de 1897 y, un par de días más tarde, se realizó una demostración pública, tal y como señalan las crónicas de la prensa de la época.

A escala internacional, el mismo año de la llegada de los rayos X a España nació el Instituto Británico de Radiología (British Institute of Radiology, BIR). Esta sociedad científica inició su andadura incluso antes de que Marie Curie descubriera el radio y el polonio. Su fecha oficial de fundación es el 2 de abril de 1897 y, en sus inicios, recibió el nombre de «Sociedad de los rayos X». A pesar de que la iniciativa de la sociedad vino de la mano de médicos, su primer presidente fue un físico, Silvanus P. Thompson. El nombre de Instituto de Radiología se adoptó en 1924 y, en 1927, se produjo la unificación con la Sociedad Röntgen. Un año más tarde, nace la prestigiosa revista *The British Journal of Radiology*.

Llega así el momento de abordar un aspecto fundamental cuando se trata de cualquier magnitud física, del todavía no se ha tratado: las unidades. Siempre que se mide algo, además de cuantificarlo, resulta imprescindible saber en qué unidades se realiza la medida. En el caso de la radiactividad y, concretamente, en su aplicación a la medicina, es esencial para saber con exactitud qué dosis se administra al paciente, entre otros motivos. A nivel internacional, el organismo encargado de esta tarea es la Comisión Internacional de Unidades y Medidas Radiológicas (ICRU). Esta comisión se constituyó por primera vez durante el primer congreso de radiología, celebrado en julio de 1925. La documentación de ese congreso puede encontrarse fácilmente en internet y la lectura de los resúmenes de las comunicaciones presentadas resulta especialmente reveladora. Entre ellas figuraba, por ejemplo, un estudio realizado con rayos X para determinar la posición y la forma del estómago en el que participaron mil adultos sanos en los Estados Unidos. Muchos otros trabajos se apoyaban también en esta técnica y, a modo de curiosidad, se presentó en este congreso una comunicación que mostraba la que probablemente fue la primera película en la que se registraba una secuencia de imágenes obtenidas mediante rayos X. También se presentaron en este congreso ejemplos de los primeros tratamientos con radioterapia para el cáncer de pecho. Se trataba de una terapia que combinaba el uso de los rayos X, el recientemente descubierto radio y la cirugía. Conviene recordar que estamos a mediados de los años veinte; no han pasado ni tan siquiera treinta años desde que Marie Curie descubrió el radio y el polonio.

La ICRU está estrechamente ligada a otra comisión: Comisión Internacional de Protección Radiológica (ICRP). En la propia definición se señala a la ICRU como la responsable del desarrollo de los conceptos de las definiciones para el uso de las cantidades y unidades en el campo de la radiación ionizante (la radiactividad) y su interacción con la materia. Además, la ICRU debe prestar atención especial a los efectos biológicos de las radiaciones ionizantes.

Al repasar los inicios de la aplicación de la radiactividad al tratamiento de las enfermedades, se llega al año 1928, cuando se creó la ya mencionada ICRP. Esta comisión internacional se constituyó durante el II Congreso de Radiología, celebrado en Estocolmo. Hasta entonces, a nivel oficial se había hecho poco por proteger la salud frente a las interacciones con las radiaciones ionizantes, y esa falta de atención tuvo muchas consecuencias, como las chicas del radio. Se trata de una organización internacional independiente, científica y sin ánimo de lucro, cuyo objetivo es elaborar recomendaciones para protegerse de los efectos de las radiaciones ionizantes. Aunque no solo desde el punto de vista de protección de las personas, sino también de los animales y el medioambiente. Sus recomendaciones sirven de base para la elaboración de la legislación por parte de los organismos reguladores de numerosos países y, a una escala más amplia, por instituciones internacionales como la Unión Europea. La UE utiliza las recomendaciones de la ICRP en sus propios documentos de protección radiológica, como ha sido el caso de la última directiva EURATOM 2013/59 sobre protección de la población frente a la exposición a radiaciones ionizantes. Este documento es de obligado cumplimiento en la Unión Europea para todo lo relacionado con radiaciones ionizantes, ya sea exposición médica o industrial, incluso la propia radiación natural, como en el caso de la protección frente a la exposición al gas radón.

En lo relativo al uso de la radiactividad para proteger la salud o para la curación de enfermedades, pueden señalarse varios hitos que se han ido produciendo a lo largo de los años.

Recordemos el descubrimiento que les valió el Nobel a Irène Joliot-Curie y Frédéric Joliot, ya que permitió desarrollar múltiples aplicaciones médicas de la radiactividad. A partir de entonces, no solo era posible emplear isótopos radiactivos naturales en los tratamientos, sino también generar isótopos radiactivos de forma artificial, que podían producirse casi a «gusto del consumidor». Las implicaciones de este hallazgo para la medicina serían enormes desde ese momento.

No fue necesario esperar mucho para producir un isótopo de gran utilidad en medicina nuclear: el tecnecio 99 metaestable (^{99m}Tc). Los responsables de la producción de este isótopo fueron Emilio Segrè y Glenn T. Seaborg. Sin embargo, a pesar de su utilidad, este isótopo presenta un problema muy importante: su vida media, es decir, el tiempo que se necesita para que la cantidad de material del isótopo decaiga a la mitad del contenido inicial. Dicho de otro modo, es el tiempo que debe transcurrir para que desaparezca la mitad de la muestra, y esa disminución siempre se produce «de mitad en mitad». En el caso del ^{99m}Tc, su vida media son seis horas; por lo que, al cabo de doce horas, quedará la mitad de la mitad de lo que había al principio de producirse, es decir, la cuarta parte. Al cabo de dieciocho horas será la octava parte y, pasado un día, habrá dieciséis veces menos muestra que al inicio de la producción. Esto hace completamente inviable ubicar el centro de producción del isótopo alejado del lugar donde se vaya a aplicar. Originalmente, Segrè y Seaborg produjeron tecnecio mediante un ciclotrón. No obstante, no se trata de una instalación de la que pueda disponer cada hospital. Por ello, para poder emplear este isótopo en medicina nuclear fue necesario esperar a la invención del método del «generador de tecnecio». Este procedimiento fue desarrollado en 1958 Walter Tucker y Margaret Greene.

A medida que avanzaban las aplicaciones en medicina nuclear, también se desarrollaron otras instalaciones, como los aceleradores lineales de partículas. Son máquinas que hacen precisamente lo que su propio nombre indica: aceleran partículas a velocidades muy elevadas y cercanas a las de la luz para poder producir otros tipos de radiaciones, por ejemplo, rayos X que se emplean en radioterapia. Estos aceleradores lineales pueden trabajar con muchas familias de partículas, como los electrones, protones u otros iones. En el caso del uso en medicina, el primer acelerador lineal se instaló en 1952 en el hospital Hammersmith en Londres y un año más tarde se realizó el primer tratamiento a un paciente.

Los aceleradores lineales que trabajan con electrones los aceleran para crear haces de electrones con una única energía, entre 4 y 25 megaelectrónvoltios, con el fin de producir rayos X y, al aumentar la energía, mejorar la precisión. Es como si se disparara una flecha hacia una diana. Y, al trabajar con rayos X, tampoco los aceleradores lineales producen radiactividad: solo emiten radiación cuando están en funcionamiento. De forma que no es necesario ningún blindaje, pero sí que deben estar instalados en una sala especial protegida para el instante en el que están en funcionamiento. Los aceleradores lineales se utilizan también para producir isótopos destinados a la medicina nuclear. Para ello se bombardea una muestra de material empleando la radiación generada por el acelerador, de modo que pueda obtenerse el isótopo requerido.

Finalmente, en la segunda mitad del siglo XX fueron creando más sociedades científicas dedicadas al estudio de las aplicaciones médicas de las radiaciones, como la Sociedad Americana de Físicos de Medicina Nuclear. En España, la Sociedad Española de Física Médica se creó en 1974. En el año 1980, se fundó la Federación Europea de Organizaciones de Física Médica.

Pero, desde un punto de vista práctico, ¿cuáles son las técnicas nucleares que emplean la radiactividad para el tratamiento de enfermedades o para su diagnóstico? En el área terapéutico se encuentran la radioterapia, el acelerador lineal de electrones y una técnica que en los últimos años está adquiriendo una gran importancia: la protonterapia. En cuanto al diagnóstico, además de la clásica radiografía de rayos X, se utilizan la resonancia magnética nuclear, la mamografía, el TAC, el PET/TC y el SPECT.

La radioterapia fue la primera de estas técnicas en aplicarse. Su funcionamiento puede entenderse a partir de la característica más esencial de la radiactividad: su carácter de radiación ionizante. Debido a esta propiedad, las sustancias radiactivas alteran el ADN de las células. Por lo que resulta sencillo de entender que, para tratar una célula cancerosa, puede administrarse la cantidad de radiación necesaria para destruirla. Esto que parece en principio sencillo no lo es tanto en la práctica, porque deben controlarse muchos otros factores. Uno de los más importantes es la dosis que se suministra. El objetivo de la radioterapia es atacar a las células malas sin dañar las sanas. Sin embargo, la radioterapia no distingue células buenas y malas, por lo que es necesario ajustar la dosis de la forma más precisa posible. Esta técnica no solamente se aplica en tratamientos de cáncer, sino también para otras patologías. Investigaciones recientes que apuntan a su posible uso para tratar enfermedades como el Alzheimer.

La radioterapia aprovecha la capacidad de las sustancias radiactivas para dañar el ADN. La radiación necesaria puede obtenerse a partir de sustancias naturalmente radiactivas —como sucedía al principio con el radio— o, más recientemente, mediante electrones, protones o rayos X producidos en aceleradores lineales. Para ajustar la dosis a fin de minimizar los efectos secundarios, se realizan simulaciones con maniquíes con el fin de comprobar que el haz se dirige con la máxima precisión posible. Cuando la fuente radiactiva se introduce dentro del propio paciente, la radioterapia recibe el nombre de braquiterapia.

Otra de las técnicas nucleares empleadas en medicina son los aceleradores lineales, ya mencionados, pero que merece la pena describir con algo más de detalle. Estas máquinas aceleran electrones o fotones y generan haces que se dirigen contra el tumor que se desea tratar. Emplean partículas de alta energía capaces de impactar en las células dañinas. En medicina se utilizan generalmente como generadores de rayos X, aunque también pueden funcionar con protones y electrones. Se basan en el fundamento físico de que, al acelerar una partícula cargada, en el proceso se genera radiación. La precisión que se logra alcanzar es muy elevada, por lo que disminuyen el riesgo de dañar células sanas. Además, su diseño permite girar la máquina alrededor del paciente que se coloca sobre una mesa, de manera que la flecha de la radiación puede dirigirse con gran exactitud hacia el punto deseado.

En los últimos años ha cobrado especial popularidad es la protonterapia. En esencia, es también una forma de radioterapia, pero emplea protones en lugar de electrones. ¿Por qué? Los protones son partículas muy diferentes a los electrones: no son elementales, pues están formados por otras partículas más pequeñas, mientras que los electrones sí lo son. La capacidad de penetración de los protones en la materia es mucho mayor que la de los electrones. Debido a esta característica, pueden alcanzar tumores lo suficientemente profundos como para que un tratamiento con rayos X no resulte efectivo. Como también se trata de radiación ionizante, se produce daño en las células tumorales, pero con la ventaja de que se minimizan en mayor medida los efectos secundarios en las células sanas. El tratamiento con protones permite focalizar mucho más la radiación; se puede afinar con mayor precisión el «tiro de la flecha», y con ello se gana en exactitud. Además, los protones depositan su energía de golpe: penetran en el tejido y viajan por este de forma casi intacta, sin dañar las células que se encuentran en su camino, hasta llegar a la profundidad en la que se localiza la célula que se quiere atacar; en ese punto, liberan toda su energía de golpe. De este modo, el tejido superficial y el más profundo apenas resultan dañados. En los últimos años también se investiga una mejora de la técnica denominada FLASH, que emplea dosis aun más elevadas para reducir el número de sesiones.

Hasta aquí se han abordado los tratamientos; sin embargo, antes de aplicarlos es necesario diagnosticar la enfermedad. ¿Cómo puede emplearse la radiactividad en el diagnóstico, más allá de las clásicas radiografías? Una de esas técnicas que también emplea rayos X —aunque son un poco diferentes a las radiografías convencionales— son las mamografías. Se emplea fundamentalmente en la detección precoz del cáncer de mama, lo que permite detectar la enfermedad en sus inicios y mejorar sustancialmente el tratamiento y la curación. Los rayos X utilizados son de baja energía, por lo que también se reduce la dosis. La dosis de una mamografía suele ser muy pequeña y equivale en promedio a la dosis que el cuerpo por la radiación de fondo. Se trata, en esencia, de una radiografía de la mama; no obstante, al utilizar energías tan bajas es necesario optimizar al máximo la calidad de la imagen, por lo que hay que comprimir la mama y puede generar ciertas molestias en las pacientes.

Si nos vamos al otro lado de energías y pasamos a unas mucho más elevadas, la técnica que nos encontramos es la tomografía axial computarizada (TAC). El TAC emplea dosis de radiación mucho mayores que una mamografía y considerablemente superiores a las de una radiografía convencional. Debido a esto, es posible observar a mayor profundidad y con mucha más precisión, lo que mejora de forma notable el diagnóstico. También utiliza rayos X, pero de energía mucho más alta, en ocasiones, con el apoyo de contrastes para optimizar la imagen. Conviene subrayar que, una vez terminada la prueba, el paciente no emite ningún tipo de radiación: la ha recibido, pero no la emite. Al tratarse de una de las dosis más elevadas que se emplean en el radiodiagnóstico, el TAC no debe realizarse sin una razón clínica muy evidente, es decir, sin que el beneficio diagnóstico esperado compense la dosis administrada. Por este motivo, no debe practicarse en mujeres embarazadas salvo que resulte absolutamente necesario. En cambio, dado que el paciente no emite radiación tras la prueba, el TAC es absolutamente compatible con la lactancia materna.

Otra prueba que emplea técnicas nucleares es el PET. En este caso, y a diferencia de una radiografía o de un TAC, el paciente sí que se convierte durante un tiempo en emisor de radiactividad. PET es el acrónimo de la expresión inglesa *positron emission tomography* (tomografía por emisión de positrones). Para que se produzca la emisión de positrones, el paciente recibe una inyección de una sustancia radiactiva que, mediante desintegración tipo beta, emite positrones. El positrón es similar al electrón, pero con carga positiva. Normalmente se emplea algún isótopo del flúor que sea emisor beta. El radiofármaco tiene la propiedad de adherirse a los tejidos que están más dañados y los detectores de la máquina permiten identificar la zona del cuerpo en la que se localizan esos tejidos. A pesar de emplear una sustancia radiactiva en la prueba, la dosis administrada es baja y no resulta dañina para el organismo; debe ser, no obstante, suficiente para poder tener una imagen precisa del tejido afectado.

Finalmente, para emplear la detección de fotones como técnica de diagnóstico, se recurre a un equipo basado en la detección de radiación gamma, la técnica se denomina SPECT (*single photon emission computed tomography* o, en castellano, tomografía computarizada de emisión monofotónica). En este procedimiento, al paciente se le administra una sustancia radiactiva emisora de gamma, que se acumula preferentemente en los tejidos de interés. El equipo detecta la radiación emitida, analiza los datos y genera una imagen que permite localizar la zona del cuerpo donde se ha producido el daño.

La elección de una u otra técnica depende de la información que se busque obtener y de la relación coste-beneficio esperada. No siempre resulta necesario realizar una radiografía de rayos X o un TAC ante un problema clínico. En todos los casos, los profesionales sanitarios son capaces de justificar el empleo de determinadas dosis de radiación para poder realizar el diagnóstico más preciso y, de esta forma, mejorar el tratamiento y las posibilidades de curación.

13

LA RADIACTIVIDAD EN NUESTRAS VIDAS

Nuestro mundo es radiactivo y estamos rodeados de este fenómeno sin darnos cuenta: en nuestro cuerpo, en el agua que bebemos y en el aire que respiramos. Sin embargo, la primera imagen que suele evocar la palabra radiactividad cuando la escuchamos o leemos es la de una central nuclear, una bomba atómica o alguno de los accidentes más famosos de la historia, como Chernobyl o, más recientemente, Fukushima.

No obstante, la radiactividad es muchísimo más que eso. De hecho, las centrales nucleares, las bombas atómicas o los accidentes nucleares representan una parte muy limitada —y no la más relevante— de este fenómeno. Puede resultar sorprendente, pero la radiactividad forma parte de la naturaleza desde el origen mismo del planeta. Está presente en nuestro entorno y en nuestra propia existencia hasta el punto de que, sin ella, no existirían ni la vida tal y como la conocemos ni la Tierra en su forma actual.

Las radiaciones nos rodean constantemente. Gracias a ellas es posible leer estas líneas, escuchar música, calentar alimentos en un microondas, utilizar un teléfono móvil, ver la televisión o disfrutar del Sol en la playa. Todas estas actividades dependen, de una u otra forma, de distintos tipos de radiación. Existen muchas clases de radiaciones que, de manera general, se agrupan en dos grandes categorías: ionizantes y no ionizantes.

Si imaginamos un átomo rodeado por electrones, estos se encuentran ligados al núcleo por fuerzas que pueden compararse, de forma sencilla, con cuerdas que unen canicas a un balón. Las canicas representarían los electrones y el balón, al núcleo del átomo. ¿Cómo se separan las canicas del balón? Fácil: cortando la cuerda. En el caso del átomo ocurre algo análogo: es necesario romper el enlace que une el electrón con el átomo, y para ello se requiere energía.

Las radiaciones contienen energía en cantidades muy diferentes. Algunos tipos de radiaciones no poseen la energía suficiente para romper esos enlaces y, por ello, se denominan no ionizantes. Otras, en cambio, sí pueden hacerlo y reciben el nombre de radiaciones ionizantes.

La radiación que permite leer estas líneas, calentar la comida en el microondas o ver una película en la televisión es no ionizante; no tiene capacidad para arrancar electrones del átomo. Sin embargo, la ionizante sí es capaz de hacerlo. La radiactividad es, precisamente, radiación ionizante. Posee una energía elevada que puede variar en función del tipo concreto de radiactividad. Además, lo curioso de este tipo de radiaciones es que tienen partículas que se generan cuando unos isótopos se transforman en otros. Los isótopos son átomos de un mismo elemento químico que se diferencian en la cantidad de neutrones que contienen.

Los tres principales tipos de radiactividad son alfa, beta o gamma. Se diferencian los unos de los otros por la naturaleza de las partículas emitidas y la energía asociada.

Nuestro planeta es, en sí mismo, una gran esfera radiactiva. Sin embargo, la radiactividad suele percibirse como algo «artificial». De hecho, cuando se mencionan accidentes nucleares, armas atómicas o centrales nucleares, se hace referencia a actividades humanas que emplean radiactividad artificial. No obstante, se trata solo de la punta del iceberg en el mundo radiactivo. La mayor parte de la radiactividad a la que estamos expuestos es de origen natural.

El propio núcleo de nuestro planeta es radiactivo y, gracias a ello, genera una enorme cantidad de energía que hace posible la vida en el planeta. También estamos expuestos a la radiactividad cuando viajamos en avión para irnos de vacaciones: la radiación procedente del universo —que es radiactiva—, impacta cada día contra nosotros. Esta exposición depende de dónde vivimos, ya que la radiación cósmica aumenta con la altura. Así, una persona que resida en un noveno recibirá más radiación que otra que viva en un primero.

Si se cuantifica esta exposición, aproximadamente el 80 % de la radiación que una persona recibe a lo largo del año es totalmente natural. Se trata de una radiación inevitable, asociada al hecho de estar vivos y de habitar y trabajar en un entorno concreto. El porcentaje restante procede, en su mayor parte, de pruebas médicas necesarias para el diagnóstico y tratamiento de enfermedades o lesiones, como radiografías, tomografías o tratamientos contra el cáncer. Todas ellas implican el uso controlado de radiactividad. ¿Y la radiactividad artificial? Su contribución es mínima: representa menos del 1 %. A modo de ejemplo, si se metieran cien bolas en una bolsa, solo una correspondería a radiación artificial, mientras que unas ochenta serían radiactividad de origen natural.

La mayor parte de la radiactividad a la que estamos expuestos procede de los lugares en los que pasamos la mayor parte del tiempo: viviendas, fábricas, oficinas, tiendas, hospitales, edificios públicos, etc. En los espacios cerrados se recibe, de hecho, una fracción muy significativa de la dosis anual de radiación. Aproximadamente el 50 % de esa exposición tienen lugar en interiores y, de forma sorprendente, es de origen completamente natural, ya que procede del gas radón.

Sin embargo, lo natural no siempre es sinónimo de bueno y saludable. En este caso, la exposición a la radiación del gas radón es la responsable de una enfermedad lamentablemente muy común, el cáncer de pulmón. Si se excluye el tabaco, constituye la principal causa de este tipo de cáncer. Para comprender por qué ocurre esto, conviene detenerse en qué es el radón, ese «compañero de habitación» nada amable.

El radón es un gas noble de número atómico 86, radiactivo y natural. Como consecuencia, se desintegra constantemente y genera productos de desintegración que también lo son. El radón como elemento químico posee varios isótopos de diferentes vidas medias; entre ellos destaca el ^{222}Rn, al que habitualmente se alude cuando se menciona el radón sin mayor precisión. Su vida media son casi cuatro días y entre sus descendientes encontramos emisores de partículas alfa, los polonios ^{218}Po y ^{214}Po. Conviene destacar que, aunque se trate de un gas natural, el hecho de encontrar concentraciones elevadas en el interior de un edificio no es un fenómeno natural, sino la consecuencia de determinadas prácticas constructivas. La Organización Mundial de la Salud (OMS) ha clasificado al radón como causa de cáncer de pulmón y ha establecido que el riesgo de contraer esta enfermedad incrementa un 16 % por cada 100 Bq m^{-3} en exposiciones prolongadas.

¿Cómo puede determinarse la concentración de radón en el interior de un edificio? Existen numerosos métodos de medida que, en general, se clasifican en activos y pasivos. La elección de uno u otro método depende de factores como el tiempo de exposición, si se necesita una medida pasiva o una serie temporal de datos (medida activa) o el tipo de emplazamiento, ya sea un centro de trabajo o un domicilio. Resulta esencial tener claro qué tipo de medida se va a realizar para elegir el instrumento adecuado. En cualquier caso, y especialmente cuando se emplean detectores pasivos, las mediciones deben llevarse a cabo por entidades cuyos procedimientos estén acreditados según la norma ISO 17025. Esta acreditación garantiza que los métodos de medida han sido verificados por auditores externos a la entidad y se ha comprobado que cumplen con todos los requisitos de esta norma internacional ISO 17025. Se trata de una norma de carácter técnico que implica un elevado nivel de competencia en la entidad que la posee.

Las principales fuentes de gas radón son, por orden de importancia, el suelo, los materiales de construcción y el agua. Aunque existen numerosos mapas que indican el riesgo potencial de una zona, es importante indicar que jamás se deben emplear los mapas para evaluar el riesgo de un edificio en concreto. La única manera fiable de conocer el contenido de radón en un edificio es mediante una medición directa en dicho inmueble. Los mapas son herramientas que emplean modelos estadísticos basados en medidas reales, pero no permiten determinar valores específicos. Además, la variabilidad de las concentraciones puede ser muy elevada: dos edificios contiguos pueden tener concentraciones de radón muy diferentes.

En cuanto a la legislación en España, actualmente deben considerarse dos normativas principales. Por un lado, tenemos el Código Técnico de la Edificación, en vigor desde el 23 de septiembre de 2020, establece la obligatoriedad de llevar a cabo mediciones de radón en determinados edificios. Estas mediciones deben ser realizadas por entidades acreditadas ISO 17025 y el nivel de referencia son 300 Bq m^{-3}. Por otro lado, el Real Decreto 1029/2022 establece los criterios para proteger a los trabajadores frente a la exposición a radiaciones ionizantes. Este texto igualmente establece el nivel de referencia en 300 Bq m^{-3} y afecta tanto a trabajadores como al público en general.

El polonio es otro de esos elementos radiactivos que están presentes en nuestra vida diaria y destaca por su elevada radiactividad: su emisión alfa posee una energía incluso mayor que la del gas radón. Se encuentra presente en la naturaleza en pequeñas cantidades. Por ejemplo, en una tonelada de uranio pueden hallarse nada menos que 0,064 mg de polonio. También aparece asociado al consumo de tabaco: al fumar un paquete de cigarros, aproximadamente unos 100 mBq de ^{210}Po entran en nuestro tracto respiratorio. Asimismo, este elemento está presente en el organismo humano, ya que forma parte de los tejidos y de los huesos.

Resulta conocido el caso del espía ruso, Alexander Litvinenko, cuya causa de muerte en 2006 fue envenenamiento precisamente con ^{210}Po. Este isótopo es un típico emisor alfa y puede emplearse como sustancia venenosa difícil de detectar por los sistemas de escáner habituales, dado que solo emite radiación alfa. También se ha llegado a sugerir que la muerte del líder palestino Yasser Arafat pudo haber estado relacionada con una administración de ^{210}Po.

Otro ejemplo de radiactividad cotidiana, pero en este caso emisión gamma, se encuentra en los famosos plátanos. Este alimento tan común y nutritivo resulta ser, en efecto, ligeramente radiactivo. La razón es que contienen potasio (K), un elemento químico esencial para numerosos procesos fisiológicos. El potasio contiene fundamentalmente dos isótopos principales: el ^{39}K y el ^{40}K. La mayor parte del potasio es ^{39}K que es un isótopo estable, es decir, no radiactivo. El primero es estable y constituye la mayor parte del potasio natural; el segundo, presente solo en una fracción muy pequeña, es radiactivo.

A diferencia del radón, el ^{40}K es un emisor gamma. Los emisores gamma, al contrario que los alfa (como el radón), no emiten partículas grandes. Las partículas de las emisiones alfa pueden compararse, a nivel atómico, con balones muy grandes. Por tanto, son muy pesadas y tienen mucha energía, lo que hace que puedan generar bastante daño. Aunque al ser tan pesadas, se pueden frenar relativamente bien. El riesgo aparece cuando se introducen en el organismo, como sucede con el radón, ya que en ese caso no pueden ser frenadas y es cuando producen sus efectos nocivos.

Sin embargo, en el caso de las emisiones gamma, las partículas que se emiten son fotones. Estos son unas partículas pequeñísimas, tan pequeñas que no tienen masa. Puedan viajar grandes distancias y también atravesar muchos materiales, lo hace que sea muy difícil frenarlas, pero por otro lado permite muchas aplicaciones diferentes.

Los rayos X utilizados en radiografías son fotones, al igual que los rayos gamma emitidos por el ^{40}K. Estos últimos poseen mucha más energía que, por ejemplo, los rayos X. Esto los hace más peligrosos y, de hecho, la radiación gamma es una de las más dañinas. No obstante, no hay que alarmarse en el caso de los plátanos. El contenido en cada plátano de ^{40}K es tan pequeño que sería necesario consumir una cantidad desmesurada para que resultara preocupante. Aun así, esta radiación puede medirse fácilmente con un detector adecuado: basta con situarlo junto a un plátano para observar una señal detectable.

El mismo efecto se aprecia al colocar el monitor al lado de una persona, ya que también se registra una señal medible. ¿Y por qué? Porque somos seres radiactivos. Sí, las personas tenemos una radiactividad intrínseca, entre otras razones porque nuestro contenido de potasio en los huesos es muy importante, por lo que también tenemos presente su isótopo radiactivo, el ^{40}K.

La radiactividad forma parte de nuestra vida cotidiana. Otro ejemplo de ello es el agua que bebemos que contiene diversos isótopos emisores alfa y beta, motivo por el cual uno de los análisis necesarios para determinar su potabilidad consiste en evaluar la dosis radiactiva y comprobar si está dentro de los límites.

Nuestras viviendas y edificios están construidos con materiales que contienen, en mayor o menor medida, elementos radiactivos. Por este motivo, el uso y la comercialización de materiales de construcción están regulados, con el fin de evitar que su contenido radiactivo supere ciertos límites que podrían ser peligrosos para la salud.

Conviene recordar que una de las características de la radiactividad es que decae con el tiempo siguiendo una ley exponencial. Este tipo de comportamiento implica que su valor nunca llega a ser exactamente cero: la cantidad disminuye progresivamente, pero no desaparece por completo. Si retrocedemos en el tiempo, el entorno en el que vivimos era considerablemente más radiactivo hace miles de años que en la actualidad. Aun así, siempre existirá cierto nivel de radiactividad natural, y precisamente esa presencia resulta esencial para que la vida, tal y como la conocemos, sea posible.

14

LA RADIACTIVIDAD COMO HERRAMIENTA PARA ALIMENTAR A LAS PERSONAS

L a radiactividad permite muchas otras aplicaciones además de las médicas o de las militares. Basta con observar el entorno cotidiano para encontrar ejemplos constantes de su uso. Por ejemplo, en la industria alimentaria se emplean técnicas basadas en radiación para el control de llenado de latas de refresco. En la fabricación de papel se emplea la radiactividad para cortar las hojas del mismo espesor. También, aparece en los edificios, integrada en detectores de incendios o incluso en determinados sistemas de protección, como algunos pararrayos.

Existe, además, un beneficio de especial relevancia para la humanidad que suele pasar desapercibido: el uso de la radiactividad como herramienta para mejorar la producción y conservación de alimentos. A través de distintas técnicas se incrementa la eficiencia en la agricultura, se facilita el control de plagas y se optimizan tratamientos destinados a preservar los productos. Estas aplicaciones contribuyen de manera directa a garantizar el abastecimiento alimentario de miles de millones de personas y a reducir la malnutrición a escala global.

La base de estas aplicaciones reside en las propias características físicas de la radiactividad. Se trata de un tipo de radiación ionizante, capaz de alterar los átomos de las sustancias con las que interactúa al arrancar electrones de ellos. Esta propiedad es la que se emplea tanto en las técnicas de tratamiento de alimentos como en las aplicaciones destinadas a mejorar los cultivos en agricultura. Gracias a ella, es posible prolongar la vida de los alimentos, eliminar microorganismos dañinos y combatir plagas que cada año reducen los cultivos y son las responsables de auténticas crisis alimentarias.

El año 2020 quedará marcado en la historia de la humanidad para el resto de los siglos. Desde entonces, el número de personas que padecen problemas de suministro de alimentos se ha duplicado en un periodo inferior a cinco años. Para entender la magnitud de este incremento, basta con atender a algunas cifras: cerca de 800 millones de personas en el mundo pasan hambre a diario. Puesta en perspectiva, esta cantidad equivale aproximadamente a triplicar la población total de países que integran la Unión Europea. O, en un terreno más familiar, como si veinte veces la población de España sufriera hambre cada día del año. Estas cifras ponen de manifiesto que el hambre constituye uno de los problemas más graves a los que se enfrenta la humanidad y que cualquier herramienta capaz de contribuir a su mitigación, incluida la radiactividad aplicada de forma controlada, puede desempeñar un papel relevante.

Con el fin último de resolver el problema del hambre en el mundo y aunar esfuerzos, dos agencias de las Naciones Unidas han unido fuerzas para compartir conocimiento y generar una sinergia efectiva. La OIEA, como organismo especializado de la ONU en el uso de la tecnología nuclear y responsable de velar por su aplicación con fines pacíficos, aporta la experiencia técnica y el personal especializado en el ámbito de la radiactividad. En este contexto, constituye la entidad más adecuada para impulsar el empleo de tecnologías nucleares orientadas a la reducción del hambre en el mundo. Por su parte, la Organización para la Alimentación y la Agricultura (FAO) aporta el conocimiento específico sobre los sistemas alimentarios, la producción agrícola y las técnicas destinadas a mejorar los cultivos y aumentar su eficiencia con el fin de alimentar a una población mundial en constante crecimiento. Como resultado de esta colaboración, en el año 2023, en el marco del World Food Forum (el foro mundial de la alimentación) celebrado en Roma, ambas agencias lanzaron conjuntamente el programa «Atoms4Food», una iniciativa que evoca deliberadamente al programa «Atoms for Peace», que marcó el inicio de la creación de la OIEA.

El programa «Atoms4Food» está concebido para ayudar a los países a combatir el problema del hambre mediante la aplicación de tecnologías nucleares a lo largo de toda la cadena de producción de los alimentos. Su enfoque abarca desde el suelo y los procesos agrícolas iniciales hasta las etapas finales que permiten que los alimentos lleguen de forma segura y eficiente a la mesa de la población.

¿Por qué introducir la radiactividad en la cadena alimentaria? A primera vista, la relación no resulta nada evidente. Relacionar radiaciones con alimentos no es algo natural e incluso pudiera parecer contraproducente, como si en lugar de aportar beneficios pudiera generar efectos indeseables. Para poder entender mejor esta relación, conviene detenerse brevemente en los procesos de transferencia de la radiactividad presente en el suelo. No es necesario recurrir a una descripción técnica compleja; basta con exponer algunos conceptos básicos que permitan entender el fenómeno con claridad.

La radiactividad puede definirse como una propiedad de ciertos elementos que, en determinadas circunstancias, emiten radiaciones ionizantes. Al hablar de elementos se hace referencia a los elementos químicos, los constituyentes de la tabla periódica y, en última instancia, de toda la materia que nos rodea. Estos elementos son los «ladrillos» a partir de los cuales se construye el mundo físico. Por ello, al ser una propiedad asociada a determinados elementos químicos, la radiactividad forma parte del entorno natural y está presente de manera inevitable en los suelos donde se cultivan las plantas destinadas a la alimentación.

Al tratarse de elementos químicos, estos pueden transferirse del suelo a las plantas y al agua mediante distintos procesos naturales y, poco a poco, pasar a formar parte de la cadena de alimentación. Al mismo tiempo, los mismos elementos químicos radiactivos pueden utilizarse de forma controlada para modificar determinadas propiedades de los suelos en los que se encuentran, y de este modo intentar mejorar la eficiencia de los procesos agrícolas. Así, la iniciativa «Atoms4Food» emplea técnicas nucleares para mejorar la producción de alimentos, reforzar su seguridad y así contribuir a mitigar el problema del hambre.

La información disponible en el propio programa de la ONU nos indica hasta siete acciones que se pueden implementar en la cadena de producción de alimentos usando técnicas nucleares:

- Inducción de mutaciones.

- Mejora de la fertilidad de los suelos.

- Gestión del agua que se emplea en la agricultura.

- Mejora de la salud de los animales destinados a la alimentación.

- Técnicas de esterilización de insectos responsables de plagas agrícolas.

- Actuaciones orientadas a mejorar la calidad y la seguridad de los alimentos.

- Nutrición.

La inducción de mutaciones es una técnica empleada en agricultura desde hace muchas décadas, prácticamente desde la década de 1930. Consiste en aprovechar la capacidad natural de las plantas para generar o mejorar variaciones interesantes desde el punto de vista de la producción de alimentos. Tradicionalmente, este objetivo se ha perseguido mediante el cruce de distintas cepas para obtener nuevas variedades con las características deseadas. Sin embargo, este enfoque presenta una limitación importante: el tiempo necesario para alcanzar resultados satisfactorios, que suele ser de al menos cinco años.

En este contexto, la radiactividad puede desempeñar un papel muy importante al acelerar el proceso. Para poder hacer esto, se emplea la característica principal de la radiación ionizante, alterar el ADN de las células. En el ámbito agrícola se emplean radiaciones como los rayos X o, en algunos casos, la radiación gamma, con el fin de generar de manera deliberada mutaciones en las plantas y así acelerar el proceso que de otro modo se produciría de forma natural y llevaría varios años. Esta técnica presenta igualmente la ventaja de que no es excesivamente costosa y permite que pueda ser aplicada en prácticamente cualquier lugar del planeta. El proyecto «Atoms4Food» de la OIEA y la FAO tiene una base de datos disponible en la que se pueden encontrar las variedades de mutantes obtenidas con esta técnica y más de trescientas mutaciones de doscientas especies de plantas de más de setenta países.

La aplicación de haces de rayos X y gamma puede realizarse de formas muy diversas. Una de ellas consiste en emplear radiaciones de alta energía capaces de producir una ionización intensa al alcanzar su objetivo, lo que permite un impacto más eficaz sobre el ADN de las células tratadas. Se ha empleado esta técnica, por ejemplo, en uno de los cultivos más utilizados a escala mundial, el arroz, que constituye la base alimentaria diaria de millones de personas. Para optimizar el proceso, se realizan ensayos destinados a determinar la energía más adecuada en cada caso. El mismo enfoque se utiliza también en otros cultivos, como la patata, con resultados igualmente relevantes.

Cualquier persona que se dedique o se haya dedicado a la agricultura es consciente de la importancia del suelo. Disponer de suelos fértiles constituye una base esencial para poder obtener buenos rendimientos, y la fertilidad es uno de los parámetros clave en cualquier proceso de producción. Tradicionalmente, se han empleado abonos naturales o químicos para mejorar la fertilidad de los suelos y de esta forma incrementar la producción. Incluso el empleo de este tipo de producto permite producir en terrenos que inicialmente no eran tan fértiles. Un aspecto relevante es la fijación del nitrógeno, para lo que se han usado abonos nitrogenados comerciales que están producidos a base de productos químicos. Sin embargo, el empleo continuado de este tipo de productos en el mismo suelo durante muchos años puede que tenga al cabo del tiempo la consecuencia justo contraria: los suelos pueden llegar a deteriorarse y, por consiguiente, los cultivos. En este contexto, la aplicación de técnicas nucleares vuelve a desempeñar un papel importante como alternativa para mejorar la gestión y la sostenibilidad de los suelos agrícolas.

Para ello se emplean diferentes isótopos que permiten comprender y optimizar procesos asociados a la fertilidad del suelo. Uno de estos isótopos es el nitrógeno 15 (^{15}N) y otro es el fósforo 32 (^{32}P). El primero, se trata de un isótopo estable, mientras que el segundo es un emisor beta. Los isótopos de un mismo elemento se comportan de forma idéntica desde el punto de vista químico, pero pueden diferenciarse por sus propiedades nucleares, lo que permite detectarlos mediante técnicas específicas. En el estudio de los suelos, el uso de isótopos de nitrógeno y fósforo resulta especialmente útil porque se integran en los mismos procesos que los elementos naturales presentes en el terreno. De este modo, pueden emplearse como trazadores para marcar los fertilizantes aplicados y seguir su comportamiento. Esto permite analizar su desplazamiento, evaluar la generación de posibles residuos y determinar su eficiencia, con el objetivo final de optimizar su uso y mejorar la gestión sostenible de los suelos agrícolas.

Otro isótopo ampliamente utilizado en el estudio de los suelos es el carbono ^{13}C que es un isótopo estable. Su empleo resulta especialmente útil de cara a poder estudiar los residuos generados en los cultivos, lo que permite entender cómo puede estabilizarse el suelo y mejorar la fertilidad. Asimismo, se utiliza para evaluar parámetros relevantes como la calidad y el contenido de humedad del terreno.

Un aspecto especialmente relevante en el análisis de los suelos es la erosión. Los procesos de degradación constituyen un problema de gran magnitud que, según datos de la FAO y la OIEA, afecta a 1900 millones de hectáreas en todo el mundo, responsables del 65 % de los recursos edáficos del planeta. La erosión es la principal causa de esta degradación en el 85 % de los casos. Si se expresa este impacto en función de la población, cerca de 1500 millones de personas depende de tierras degradadas para producir sus alimentos, lo que equivale a un 20 % de la población mundial. Esta cifra puede ponerse en perspectiva si se considera que sería comparable a que toda la población de la India dependiera de suelos degradados para su abastecimiento alimentario.

Además, los procesos de erosión que afectan a suelos fértiles provocan cada año la pérdida de unas 36 000 toneladas de suelo y generan pérdidas económicas estimadas en torno a unos 400 000 millones de dólares. En conjunto, estos datos ponen de manifiesto que la erosión del suelo constituye un problema de gran gravedad, con consecuencias directas sobre la producción de alimentos y la nutrición a escala global.

¿Cómo puede aplicarse la radiactividad en este campo? Para comprenderlo, resulta útil recordar que el uso militar de la radiactividad durante las décadas de 1950, 1960 y 1970, pese a las consecuencias negativas asociadas a la carrera nuclear, ha proporcionado información valiosa para determinadas aplicaciones científicas. En ese periodo se llevaron a cabo numerosas pruebas de armas atómicas, realizadas fundamentalmente en zonas del océano Pacífico y en regiones muy extensas de Asia y de los Estados Unidos. Cuando se detona un arma atómica o sucede un accidente en una central nuclear, se liberan a la atmósfera familias enteras de isótopos radiactivos —radionucleidos— que son consecuencia de la generación en las reacciones nucleares.

Los isótopos liberados presentan características muy diversas y vidas medias muy distintas. Entre los más relevantes para el estudio de la erosión del suelo se encuentran el cesio 137 (^{137}Cs), el plomo 210 (^{210}Pb) y el berilio 7 (^{7}Be). Sus vidas medias —aproximadamente 30 años en el caso del cesio, 138 años para el plomo y 53 días para el berilio— son suficientemente largas como para permitir su seguimiento en el medio ambiente. Estos radionucleidos se depositan sobre la superficie del suelo y, con el tiempo, migran hacia capas más profundas.

Esta deposición en el suelo se debe a que los isótopos no permanecen en la atmósfera, sino que se depositan en la superficie del suelo y, poco a poco, van migrando en profundidad. Este enfoque constituye un ejemplo de cómo los residuos radiactivos generados por actividades bélicas pueden reutilizarse como herramientas científicas con fines beneficiosos. Además, el Tratado de No Proliferación Nuclear ha ayudado también de manera indirecta a poder estabilizar el contenido de estos isótopos en el suelo, lo que facilita su empleo en estudios de la erosión a largo plazo.

Otro de los elementos esenciales para la vida en la Tierra y, de manera directa, para la producción de los alimentos que consumimos es el agua. Sin ella, ninguna de nuestras actividades sería posible. Está demostrado que una persona puede sobrevivir muchos días sin ingerir alimentos, pero difícilmente resistiría más de 48 horas sin beber una sola gota. El agua es, por tanto, un elemento básico para la vida y, además, se trata de una molécula relativamente sencilla, formada por dos átomos de hidrógeno y uno de oxígeno. Esto convierte al hidrógeno y al oxígeno en dos de los elementos imprescindibles para la vida: el oxígeno nos permite respirar y, al combinarse con el hidrógeno, se genera el agua, que sería algo así como nuestro combustible.

La visión de la Tierra desde el espacio ayuda a entender por qué se la denomina el planeta azul. Gran parte de la superficie de esta pequeña mota de polvo en el universo está cubierta por agua. Por ejemplo, el océano Pacífico constituye una extensión inmensa de agua con escasa presencia de tierra firme. Sin embargo, este hecho encierra una limitación fundamental: no toda el agua del planeta es apta para el consumo humano ni para la producción de alimentos. El volumen realmente disponible para estos fines representa solo una fracción muy reducida del total existente, y esta restricción afecta igualmente al agua destinada a los cultivos.

De esa porción limitada, una parte debe reservarse al consumo directo de la población, lo que incrementa aún más la presión sobre este recurso. Además, el 70 % del agua dulce disponible se emplea en agricultura. Dicho de otro modo, de la pequeña fracción de agua que está disponible para los humanos, la mayor parte no la usamos directamente para beber, sino para la producción de alimentos. En algunos países la eficiencia en el uso de este recurso es baja, de modo que solo se emplea la mitad de del agua destinada al riego y el resto se desperdicia. De ahí que sea tan esencial el reducir al máximo dichas pérdidas de para maximizar la eficiencia, minimizar procesos como la evaporación y las fugas en los sistemas de regadío, así como optimizar su diseño y gestión. En este contexto, la tecnología nuclear puede acudir al rescate y es ahora mucho más necesaria que nunca, dado que, según estimaciones de la propia agencia FAO, para el año 2050 la necesidad de disponer de suministro de agua para la agricultura se va a incrementar un 50 % respecto a los valores actuales.

De nuevo se recurre al uso de la radiactividad como herramienta trazadora de procesos. Mediante el empleo de isótopos como el oxígeno 18 (^{18}O) y el deuterio (^{2}H) es posible estudiar la eficiencia del empleo de agua en los cultivos al ver cómo se distribuye el porcentaje de agua destinado al regadío y la transpiración de los propios cultivos. La detección de la presencia de estos trazadores hace posible cuantificar con precisión esa distribución y valorar el uso real del agua. Otra herramienta de gran utilidad es la partícula que descubrió Chadwick en la década de los años treinta, el neutrón, que resulta especialmente eficaz para estudiar la disponibilidad de agua en el suelo donde se cultiva. Aunque puede desplazarse largas distancias sin interactuar, su velocidad y energía disminuyen notablemente en presencia de agua, que actúa como moderador. De forma que, si se analiza cuánto puede viajar el neutrón, se puede averiguar la cantidad de agua que está presente en el suelo. También se puede emplear para calibrar sensores de humedad. El isótopo 15 del nitrógeno también permite ver cómo los fertilizantes pasan al agua de los cultivos. Incluso es posible emplear neutrones procedentes de la radiación cósmica para averiguar dónde se encuentran las fuentes de agua estables. Y de esta forma conseguir el objetivo de optimizar el uso de este recurso tan escaso pero esencial para la vida en la Tierra.

Otro de los aspectos en los que las técnicas nucleares desempeñan un papel importante en la agricultura y la alimentación está relacionado con la salud animal. En 2020 el mundo se detuvo prácticamente por completo, pues una enfermedad hasta entonces desconocida se propagó por todo el planeta casi sin control y el término «covid-19» se volvió familiar en pocas semanas. Este virus pasó de los animales a los seres humanos mediante un proceso denominado zoonosis, lo que dio lugar a la pandemia más grave hasta la fecha en este siglo XXI.

Las enfermedades de los animales no solo afectan a la producción y a la distribución de los alimentos, sino que se pueden convertir en un problema muy relevante de salud pública. En este contexto, las técnicas nucleares ofrecen herramientas eficaces para abordar el problema desde distintos enfoques. Por un lado, el uso de la radiactividad como trazador permite estudiar los movimientos de los animales y reducir el riesgo de transmisión de enfermedades. Por otro, la radiación gamma puede emplearse para modificar el comportamiento de determinados patógenos y desarrollar vacunas destinadas a la protección del ganado.

También cabe señalar cómo en ciertas regiones las técnicas de diagnóstico nuclear permiten medir el contenido en radionucleidos de los animales. Un ejemplo muy claro se da en algunas zonas del centro y del norte de Europa afectadas por el accidente de la central nuclear de Chernobil en 1986. Cuando hay un accidente nuclear, se liberan a la atmósfera grandes cantidades de radionucleidos que pueden acabar incorporándose a la cadena alimentaria. Entre ellos destacó el isótopo cesio 137, el cual contaminó los suelos y pasó posteriormente a la hierba y de ahí a los animales que se alimentaban de ella. Para evitar que productos contaminados llegaran al consumo humano, se establecieron sistemas de detección del contenido en cesio, tanto en animales vivos como en muestras de alimentos. En países como Suecia, el nivel permitido de cesio 137 en los alimentos está estrictamente regulado, lo que ilustra la importancia de estas técnicas para garantizar la seguridad alimentaria.

Otro de los problemas que cada año afecta a más cultivos son las plagas. A escala global, su impacto es considerable. Por ejemplo, se registran en torno a 400 000 casos de malaria anuales en todo el mundo y, solo en el año 2021, las plagas de insectos destruyeron cerca del 40 % de los cultivos, lo que generó unas pérdidas económicas de más de 220 000 millones de dólares. Estos datos ponen de manifiesto que el control de las plagas constituye un aspecto esencial para la seguridad alimentaria y la salud pública. Una de las técnicas más empleadas es el uso de la radiactividad para la esterilización de insectos, como sucede con los mosquitos. Dado que la radiactividad es radiación ionizante, puede inducir esterilidad en estos insectos mosquitos en condiciones de laboratorio. Posteriormente, los ejemplares esterilizados se liberan de manera controlada en las zonas afectadas, con el objetivo de reducir progresivamente la población de la plaga.

Esta técnica se aplica preferentemente a los mosquitos macho, ya que así se aumenta la eficiencia. Un mismo macho puede aparearse con varias hembras, de este modo su descendencia será estéril y, en pocas generaciones la población disminuye de manera significativa. El uso de hembras, en cambio, presenta riesgos adicionales. Por un lado, la esterilización mediante radiactividad no es 100 % eficaz, lo que podría introducir en la población hembras fértiles y producir el efecto contrario al deseado. Por otro, las hembras son las responsables de las picaduras y, por tanto, de la transmisión de enfermedades como la malaria. En determinadas situaciones se emplea una variante de esta técnica que no busca eliminar por completo la fertilidad, sino reducirla parcialmente para lograr el mismo efecto a lo largo de varias generaciones. El empleo de técnicas nucleares en el control de las placas reduce enormemente el uso de pesticidas, lo que convierte este enfoque en una alternativa más respetuosa con el medioambiente.

Por último, en el ámbito de los alimentos, las técnicas nucleares también se utilizan para garantizar la calidad de los mismos y facilitar el comercio internacional. A este respecto hay ciertos estándares que deben cumplirse. Para poder comercializar los alimentos y transportarlos a nivel internacional, desde el año 1963 existe la comisión denominada Codex Alimentarius, que tiene por objeto producir patrones estándar de alimentos. También controla el uso de la radiación de acuerdo a las normas internacionales en su aplicación a los alimentos. Las técnicas nucleares se emplean para garantizar la calidad de estos alimentos, por ejemplo, mediante el estudio de las ratios de isótopos estables y unido a las técnicas de trazabilidad que permiten ayudar a averiguar el origen exacto de determinados alimentos, lo que permite detectar si se ha generado algún problema en la cadena de distribución.

La aplicación de las técnicas nucleares a los alimentos se basa en la irradiación mediante rayos X, rayos gamma o electrones, con el objetivo de mejorar las condiciones de seguridad e higiene. Estas técnicas se emplean tanto para el control de bacterias como para la eliminación de plagas. La irradiación presenta muchas ventajas frente a técnicas como el calentamiento, la congelación o el tratamiento con productos químicos. Puede entenderse como una técnica que permite limpiar los alimentos haciendo uso del poder ionizante de la propia radiactividad para reducir el deterioro de los alimentos y prolongar su vida útil. Evidentemente, sigue siendo necesario cocinarlos y prepararlos de una manera adecuada, este tratamiento permite evitar el uso de sustancias químicas y, con ello, reducir los posibles efectos nocivos asociados. En particular, su eficacia en el control de plagas ha contribuido de manera decisiva a la progresiva implantación de esta técnica.

La radiactividad también se emplea como técnica para detectar fraudes en los propios alimentos o en los productos de bebida. Hace años, científicos del Instituto Jožef Stefan, en Eslovenia, publicaron un artículo en el que indicaban cómo habían desarrollado un método para detectar la introducción en el mercado de trufas falsas. La trufa es uno de los alimentos más caros que existen en el mundo, pueden llegar a alcanzar en el mercado un valor de incluso 200 000 € por kilo, lo que convierte su falsificación en una fuente potencial de pérdidas millonarias. Se trata del alimento, por lo tanto, más preciado que hay en el mundo. Los científicos crearon una base de datos con las ratios isotópicas de trufas auténticas de diferentes partes del mundo. Comparando trufas de diferentes países, fueron capaces de determinar, aplicando su técnica, el origen del alimento con un porcentaje de éxito del 77 % de los casos y, además, una exactitud en la diferencia entre distintos tipos de trufas de casi el 75 %. Como curiosidad, la trufa más cara del mundo es la denominada trufa blanca, cuya autenticidad puede verificarse mediante este tipo de análisis, empleando, entre otros marcadores, el isótopo nitrógeno-15.

Otro ejemplo muy importante del uso de técnicas nucleares para detectar fraudes en la industria alimentaria se encuentra en el sector de las bebidas. Por ejemplo, el vino incrementa su valor con el tiempo y, mediante la detección de isótopos presentes en el vino, se puede determinar su edad, por lo tanto, detectar fraudes. El isótopo candidato para esta técnica es el famoso carbono 14 (^{14}C). Las pruebas nucleares realizadas en las décadas de 1950 y 1960 incrementaron de forma artificial la cantidad de este isótopo en la atmósfera. Desde entonces, su concentración ha ido disminuyendo de manera predecible, de acuerdo con su vida media. Al medir el contenido de ^{14}C en un vino, es posible estimar el momento en el que las uvas absorbieron el carbono de la atmósfera y, con ello, determinar la edad real del producto. Esta información permite distinguir un vino antiguo y auténtico, de alto valor, de otro más reciente que intenta suplantarlo de forma fraudulenta.

15

EN EL FUTURO, LA RADIACTIVIDAD PUEDE SER NUESTRO COMBUSTIBLE

L a generación de energía es una de las aplicaciones pacíficas de la radiactividad más extendidas y decisivas. La energía resulta imprescindible para prácticamente cualquier actividad humana y, durante siglos, la humanidad dependió casi en exclusiva de fuentes de origen químico, es decir, de la combustión de materiales.

Desde muy temprano se empleó la madera para calentarse. Más adelante, se descubrió el carbón, extraído de las profundidades del planeta, lo que supuso un salto decisivo. Gracias a este combustible, en el siglo XVIII James Watt inventó la máquina de vapor y dio inicio a la Revolución Industrial. Al calentar el agua con carbón se producía vapor capaz de mover maquinaria y vehículos, lo que permitió el desarrollo de fábricas, medios de transporte y, finalmente, los primeros trenes. El petróleo siguió una evolución similar: se quemaba para producir energía mecánica y térmica, y sus derivados, como el aceite, se utilizaron durante décadas para iluminar hogares y ciudades.

Este modelo energético sostuvo el desarrollo de la sociedad durante mucho tiempo, hasta que a finales del siglo XIX se produjo un cambio profundo en la comprensión de la materia. El descubrimiento del radio y el polonio abrió un territorio completamente nuevo en la física. El átomo, considerado durante milenios una entidad indivisible, dejaba de serlo. En su interior aparecían partículas aún más pequeñas y, lo que resultaba todavía más sorprendente, se hacía evidente que los átomos podían transformarse unos en otros.

De estos avances surgió una idea revolucionaria: la masa se podía transformar en energía. La relación formulada por Albert Einstein, $E=mc^2$, mostraba que incluso cantidades diminutas de masa eran capaces de liberar enormes cantidades de energía. La clave se encuentra en el factor c^2, el cuadrado de la velocidad de la luz. Dado que la luz viaja a unos 300 000 kilómetros por segundo, su cuadrado alcanza una cifra descomunal. Esta magnitud explica por qué los procesos nucleares permiten acceder a una densidad energética muy superior a la de cualquier reacción química conocida.

La prueba de que esa transformación de masa a energía era posible tuvo lugar por primera vez a escala industrial en un lugar del desierto de Nuevo México, Estados Unidos. Cuando el

Sello de la URSS dedicado a Albert Einstein y su revolucionaria fórmula.

proyecto Trinity explotó con éxito, esa transformación se hizo posible y pudo pasar de unos meros cálculos realizados sobre el papel a la realidad. La energía liberada fue enorme, equivalente a miles de soles, y esa era la prueba de que la radiactividad podía producir energía.

No obstante, antes de Trinity, en un laboratorio de la Universidad de Chicago, un físico italiano había conseguido por primera vez provocar una reacción en cadena de forma controlada. Para ello se apoyó en un fenómeno que había sido descubierto poco antes: la fisión nuclear. Este proceso consiste, esencialmente, en bombardear el núcleo de un átomo pesado —típicamente uranio—, provocando su división en dos fragmentos más pequeños. En esa ruptura se liberan neutrones y una gran cantidad de energía.

Los neutrones emitidos durante la fisión pueden, a su vez, impactar contra otros núcleos, que se dividen de nuevo y liberan más neutrones y más energía. Así se genera una reacción en cadena que, si no se controla, crece de forma exponencial. El físico italiano responsable de este avance fue Enrico Fermi, quien demostró que era posible regular el proceso mediante el uso de barras de grafito capaces de frenar los neutrones. Gracias a este mecanismo, la reacción podía mantenerse estable y bajo control. Con ello quedaba establecido el principio físico sobre el que más tarde se desarrollarían las centrales nucleares de fisión.

No pretende este capítulo realizar un alegato ni a favor ni en contra de las centrales nucleares. Pero sí se va a exponer cómo la energía procedente de la radiactividad se emplea en nuestra vida diaria. La energía obtenida a partir de ese tipo de procesos nucleares forma parte hoy del sistema energético global y se emplea de manera cotidiana en numerosos países. Comprender cómo se libera y se controla esta energía resulta esencial para entender una de las transformaciones tecnológicas más profundas del siglo XX y su impacto en la vida moderna.

El aprovechamiento de la energía asociada a procesos radiactivos no requiere necesariamente recurrir a una central nuclear. De hecho, toda la vida en la Tierra depende de una fuente de energía que es, en esencia, nuclear: el Sol. Nuestro astro es una central nuclear gigantesca de fusión que alimenta a todo el sistema solar. Sin necesidad de mirar tan lejos, el propio interior del planeta es otra fuente constante de energía de origen radiactivo. El calor que emana del núcleo terrestre se emplea en forma de energía geotérmica, pero su origen es radiactivo. En otras palabras, al ir a un balneario y disfrutar de sus temas de agua caliente, la energía que calienta esa agua es de origen radiactivo.

Cuando se habla de radiactividad, casi siempre la primera imagen que suele venir a la cabeza es la de una central nuclear. Estas instalaciones funcionan, en esencia, siguiendo un principio muy similar al de las primeras máquinas de vapor de la Revolución Industrial: convertir calor en movimiento y, a partir de este, generar energía eléctrica. En una central nuclear, el calor producido por las reacciones de fisión en el reactor se emplea para calentar agua y generar vapor. Ese vapor mueve unas turbinas que, a su vez, accionan generadores eléctricos capaces de producir la electricidad que utilizamos en la vida diaria, ya sea para iluminación, calefacción, transporte eléctrico o cualquier otro uso. Como resultado de este proceso, las centrales nucleares emiten vapor de agua a la atmósfera.

Aunque esta descripción puede parecer sencilla, el funcionamiento real de una central nuclear de fisión es considerablemente más complejo. La materia prima que se emplea es fundamentalmente uranio, que debe enriquecerse para producir el isótopo que interesa en la afición, el uranio 235 —nada sencillo de producir—. La razón principal es la necesidad de mantener la reacción en cadena bajo control en todo momento. Si ese control se pierde, las consecuencias pueden ser muy graves. La historia ofrece ejemplos claros de ello. En 1979 tuvo lugar el accidente de Three Mile Island, en Estados Unidos; en 1986 se produjo el accidente de Chernóbil, en la entonces Unión Soviética; y en 2011, ya en pleno siglo XXI, el terremoto y posterior tsunami que afectaron a Japón desencadenaron el accidente de Fukushima. En cada uno de estos casos, las causas fueron diferentes, pero todos ellos ponen de manifiesto la enorme complejidad técnica y la responsabilidad asociada al uso de la energía nuclear para la generación de electricidad.

A pesar de los accidentes, las centrales nucleares se encuentran entre las instalaciones industriales más seguras que existen. Su diseño contempla múltiples barreras de protección y escenarios extremos, incluidos fenómenos naturales severos e incluso impactos externos de gran magnitud. Gracias a ello, proporcionan una fuente de energía con una huella de carbono muy inferior a la asociada a la quema de combustibles fósiles. No obstante, la energía basada en la fisión nuclear no es ilimitada, ya que depende de un recurso finito: el uranio. Se trata de un mineral relativamente abundante, pero no renovable.

El uso del combustible nuclear no se limita a la producción de electricidad. A menor escala, esta tecnología se ha aplicado también a sistemas de propulsión, especialmente en el ámbito militar, donde los submarinos nucleares constituyen uno de los ejemplos más conocidos. Estas embarcaciones pueden operar durante largos periodos sin necesidad de repostar, lo que ilustra la enorme densidad energética del combustible nuclear.

Internamente, en una central nuclear, la seguridad se basa en el control preciso de la reacción en cadena. Existen varios mecanismos destinados a regularla, algunos de ellos relacionados con las propiedades fundamentales de la física. Uno de los más llamativos está vinculado a un fenómeno que, de manera indirecta, se relaciona con la velocidad de la luz. Conviene matizar que la afirmación de que nada puede superar esa velocidad solo es estrictamente válida en el vacío. En otros medios, la luz se propaga a velocidades menores, lo que abre la puerta a efectos físicos singulares.

Uno de esos efectos es la radiación de Cherenkov, un fenómeno bien conocido en el ámbito nuclear. Su base teórica fue desarrollada por los físicos soviéticos Igor Tamm e Ilya Frank y confirmada experimentalmente por Pavel Cherenkov, de quien toma su nombre. Este fenómeno se produce cuando una partícula cargada se desplaza en un medio a una velocidad superior a la de la luz en ese mismo medio, generando una característica emisión luminosa azulada. La radiación de Cherenkov no solo tiene interés científico, sino que también se utiliza como herramienta de diagnóstico y control en instalaciones nucleares.

El efecto Cherenkov se produce cuando una partícula cargada se desplaza por un medio transparente a una velocidad superior a la de la luz. En esas circunstancias aparece un resplandor característico, consecuencia de una especie de onda de choque. El fenómeno es comparable al que ocurre cuando un avión supersónico supera la velocidad del sonido y se oye el característico estallido en el aire. Esa perturbación se manifiesta en forma de emisión de fotones organizados en un cono de luz. La radiación resultante se concentra en longitudes de onda cortas del espectro visible, lo que explica su tonalidad azulada. Cuanto menor es la longitud de onda dentro del rango visible, más intensa es la percepción del color azul. De ahí el característico brillo azul que presentan las piscinas donde se almacena combustible nuclear gastado, una imagen que se ha difundido con frecuencia en documentales y reportajes. La intensidad del color va a depender de la profundidad de la piscina donde se produce el efecto. ¿Y cómo se puede aplicar esto a la seguridad de las centrales nucleares? El combustible que se almacena en las piscinas no es inerte, sino que es un combustible todavía radiactivo y una de las desintegraciones que tienen lugar es la que se conoce como desintegración beta. Este tipo de desintegración radiactiva emite partículas que esencialmente son electrones. Estos viajan a toda velocidad por la piscina y superan la velocidad de la luz, pero dentro de un medio que es la propia piscina, con lo cual no están violando ningún tipo de ley. Gracias al color azul, se pueden utilizar detectores que sean capaces de analizar las diferentes tonalidades del color azul que se generan en las piscinas de combustible y, además, se puede llevar a cabo este análisis a distancia para poder verificar el estado del material. De esta manera se protege al personal que lleva a cabo las comprobaciones y también permite ver si hay daños o fugas en las piscinas en las que se almacena. La radiación de Cherenkov tiene otras muchas aplicaciones además de la verificación en centrales nucleares, como por ejemplo en el campo de la astrofísica o incluso en la radioterapia.

La energía nuclear, con sus ventajas y desventajas, proporciona una fuente de electricidad relativamente limpia que, junto con las energías renovables, constituye un mix energético de gran relevancia. En términos cuantitativos, en 2024 la mayor producción de energía eléctrica neta en Europa procedió de fuentes nucleares, seguida por la energía hidráulica, la eólica y el gas. España se sitúa entre los veinte países del mundo con mayor porcentaje de producción de energía de origen nuclear: aproximadamente el 20 % de la energía producida en el año 2024 tuvo este origen. En la actualidad, el país cuenta con siete reactores nucleares en funcionamiento.

Esa electricidad, producida a partir de procesos nucleares, forma parte ya de la vida cotidiana. Alimenta redes de metro, sistemas de transporte público, infraestructuras urbanas y también la movilidad eléctrica, desde trenes hasta vehículos privados. La pregunta natural es hasta qué punto la energía nuclear puede aplicarse de forma directa al transporte. Una de las primeras respuestas llegó en el ámbito naval. Los submarinos nucleares constituyeron una de las primeras aplicaciones prácticas de la propulsión nuclear, al permitir largas travesías sin necesidad de repostar combustible. El primer submarino de este tipo en entrar en servicio fue el USS Nautilus, botado por Estados Unidos en 1955. Desde entonces, la tecnología se ha extendido de forma sostenida y, a comienzos de 2025, operaban en todo el mundo alrededor de 140 embarcaciones propulsadas por más de 200 reactores nucleares de pequeño tamaño.

El principio de funcionamiento de esta proposición nuclear en los submarinos es similar al de las centrales, aunque a menor escala, y está basado también en la fisión nuclear. Naturalmente el reactor es más pequeño y el combustible —uranio enriquecido— presenta una concentración de uranio 235 superior a la utilizada en la mayoría de las centrales. Una de las ventajas que presenta la propulsión nuclear frente a otros tipos de combustible es la vida útil del combustible. Por ejemplo, si nos fijamos en un combustible de gasolina, el tanque del coche tenemos que rellenarlo cada 600 o 700 km. En cambio, con el combustible nuclear no ocurre esto, en parte debido entre otros motivos a la vida media de los isótopos que se utilizan. En el caso de los submarinos, la recarga debería hacerse cada diez años. Incluso existen nuevos diseños que aumentan este plazo a treinta o incluso a cincuenta años. Este incremento en el tiempo de recarga tiene ventajas evidentes, ya que permite mantener el submarino operativo durante largos periodos. Precisamente esa duración del combustible nuclear servirá para introducir una tecnología nueva que podría emplearse para viajar por el espacio interestelar.

Pero la propulsión de origen nuclear no se limita al ámbito militar ni al uso en submarinos. La navegación civil también emplea combustible nuclear, como ocurre, por ejemplo, en los buques rompehielos de la región rusa del Ártico. Debido a las condiciones que se dan en esta parte del mundo, la propulsión convencional se hace muy complicada. Basta pensar que estos buques deben generar la fuerza necesaria para romper bloques de hielo de espesores de hasta tres metros, o incluso más. El uso de combustible nuclear permite, además, ampliar de forma notable el tiempo de operación continua. Algunos de estos rompehielos pueden navegar durante periodos de hasta diez meses sin necesidad de repostar. Rusia ha acumulado una experiencia considerable en este campo, aunque no es el único país: Noruega también ha desarrollado tecnologías orientadas a aplicaciones civiles de la propulsión nuclear en el sector marítimo. En conjunto, las ventajas de esta tecnología resultan claras tanto en el ámbito civil como en el militar.

Si abandonamos el entorno marino y dirigimos la mirada más arriba, llegamos a otra frontera que la humanidad siempre ha deseado explorar: el espacio. Desde que en 1969 Neil Armstrong pusiera el pie en la Luna, la exploración espacial se ha consolidado como uno de los grandes retos científicos y tecnológicos. En este contexto, la energía nuclear y la radiactividad juegan un papel tremendamente importante.

En primer lugar, la exploración espacial se enfrenta a un factor esencial: la radiación cósmica. Por así decirlo, se trata de la radiactividad que está en el espacio procedente, por ejemplo, de nuestra central nuclear de fusión por excelencia, el Sol. Fuera de la Tierra no existe atmósfera que amortigüe esa radiación espacial. Este es uno de los problemas más importantes cuando se plantean misiones tripuladas a otros planetas. El viaje a la Luna dura unos tres días, seis teniendo en cuenta la ida y la vuelta. En términos astronómicos, nuestro satélite está prácticamente «aquí al lado». Por tanto, la radiación cósmica que reciben los astronautas en una misión lunar no resulta preocupante al ser limitada. Uno de los principios básicos de la protección radiológica es reducir al mínimo el tiempo de exposición, y en el caso de la Luna esa condición se cumple. La situación cambia radicalmente cuando se piensa en una misión tripulada de ida y vuelta a Marte — al planeta más cercano—, el cual podría prolongarse cerca de dos años. Esto supone un periodo muy largo para estar expuesto a la radiación cósmica. Resolver este problema constituye uno de los grandes retos técnicos antes de poder plantear con seguridad una misión humana al planeta rojo.

En segundo lugar, otro de los problemas de la exploración espacial es la disponibilidad del combustible. De nuevo, se trata de misiones largas, no de un paseo a la Luna. Aquí aparece una dificultad bien conocida, se trata de una «pescadilla que se muerde la cola». Para reducir la cantidad de combustible necesaria, la nave debe ser lo más pequeña y ligera posible. Sin embargo, al disminuir su tamaño, también se reduce el espacio para almacenar combustible, lo que limita el alcance del viaje. La solución ideal pasa por disponer de una nave compacta, pero capaz de contar con una fuente energética suficiente para transportar a una tripulación hasta Marte o incluso más lejos. Y, una vez más, la radiactividad ofrece una respuesta a este desafío.

El uso de la radiactividad como combustible para la exploración espacial no pertenece al ámbito de la ciencia ficción, sino que se lleva empleando desde hace ya varias décadas. Ya en la década de comenzaron a desarrollarse sistemas basados en este principio. Conviene recordar que el decaimiento radiactivo genera calor, y que ese calor puede transformarse en electricidad. La pregunta es cómo realizar esa conversión de forma eficiente. En el año 1954 se inventó el generador termoeléctrico de radioisótopos, desarrollado por los científicos Kenneth C. Jordan y John Birden. Este dispositivo emplea un fenómeno bien conocido en física que es el efecto Seebeck.

El efecto Seebeck consiste en la generación de electricidad mediante la existencia de un gradiente de temperaturas. Curiosamente, Seebeck quien observó este fenómeno por primera vez, no identificó inicialmente la corriente eléctrica que se producía. Lo que detectó fue el desplazamiento de la aguja de una brújula cuando se encontraba en presencia de un circuito cerrado formado por dos metales conectados entre sí y a temperaturas diferentes. En otras palabras, observó la aparición de un campo magnético asociado a esa diferencia térmica.

Como es bien conocido en electromagnetismo, un campo magnético está ligado a la existencia de una corriente eléctrica, y ambos campos, eléctrico y magnético, se encuentran estrechamente relacionados. En este caso, el campo magnético que desviaba la aguja de la brújula tenía su origen en una corriente eléctrica generada en el circuito. Dicha corriente se producía porque los metales, al estar a temperaturas distintas, presentaban niveles de excitación electrónica diferentes, lo que daba lugar a una diferencia de potencial entre ellos. Esa diferencia de potencial era la responsable del paso de corriente y, en consecuencia, de la aparición del campo magnético observado. Este principio es precisamente el que se aprovecha en el generador termoeléctrico de radioisótopos. En este dispositivo, el gradiente de temperaturas no se genera de forma externa, sino que es consecuencia directa del calor producido por el decaimiento radiactivo del isótopo empleado como fuente de energía.

Este tipo de sistema es el que se empezó a emplear en la exploración espacial desde los años sesenta. Numerosas sondas han viajado —y viajan— por el espacio gracias a este tipo de propulsión. La fuerza de la radiactividad obtenida a través de la desintegración de los isótopos propulsa naves como en su día fueron las sondas Pioneer 10 y 11, y más recientemente Galileo, Ulysses, Cassini, New Horizons y dos pequeños mensajeros de la humanidad que llevan más de 51 años viajando por el universo. Se trata de dos sondas espaciales que han abandonado hace algunos años nuestro sistema solar: Voyager 1 y Voyager 2. Actualmente, se encuentran a una distancia de un día luz de nosotros y todavía continúan funcionando, es decir, que la señal que las dos sondas emiten y la que les enviamos nosotros tarda un día en alcanzar su objetivo. Las Voyager están equipadas con generadores del tipo descrito, cuyo combustible es el plutonio 238 (^{238}Pu), un isótopo emisor alfa con una vida media de unos ochenta años. Tras casi cincuenta años de viaje, todavía conservan más de la mitad de material radiactivo. La potencia disponible disminuye progresivamente, a un ritmo aproximado del 1 % anual. En 2011, por ejemplo, la capacidad energética ya se había reducido en torno a un 57 % respecto al momento del lanzamiento. El proceso recuerda, en cierto modo, al desgaste paulatino de la batería de un dispositivo electrónico, con la diferencia de que aquí la fuente de energía es un isótopo que se transforma muy lentamente. Llegará un momento en que la potencia generada resulte insuficiente para mantener operativos los sistemas de a bordo. Entonces, las sondas continuarán su trayectoria silenciosa por el espacio interestelar, alejándose millones de kilómetros más, sin posibilidad de reactivar sus instrumentos.

Este sería un ejemplo de aplicación directa de la radiactividad como fuente de calor susceptible a transformarse en electricidad. Sin embargo, existen otros proyectos en desarrollo, como la propulsión térmica nuclear. Este tipo de motor se basa en el conocido principio de Newton de acción y reacción, el mismo que permite a los cohetes vencer la atracción gravitatoria terrestre. Al expulsar un gas a gran velocidad, se genera una fuerza en

NASA

Fotografía de una de las dos sondas espaciales idénticas Voyager 1 y Voyager 2 lanzadas en 1977.

sentido opuesto que impulsa la nave. En este contexto, la radiactividad desempeña un papel fundamental: un pequeño reactor nuclear puede calentar un gas, habitualmente hidrógeno, cuya rápida expansión produce un empuje muy elevado. Este sistema se estudia como una opción viable para futuras misiones tripuladas a Marte y, potencialmente, para viajes aún más lejanos dentro del sistema solar.

El calor generado por procesos radiactivos también puede proporcionar pequeños impulsos pero continuos a una nave espacial. Un empuje sostenido en el tiempo permitiría alimentar sistemas de propulsión durante años, lo que resulta especialmente adecuado para misiones de larga duración, como el envío de sondas o robots exploradores a otros planetas. Además, cualquier proyecto que contemple la presencia humana prolongada en la Luna o en Marte requerirá fuentes de energía fiables. En ese escenario, la instalación de pequeños reactores nucleares podría proporcionar la electricidad necesaria, incluso utilizando materias primas obtenidas directamente en el lugar, una posibilidad que se inscribe en el ámbito emergente de la minería espacial.

En un plano más teórico, también se ha planteado el uso controlado de la enorme energía liberada en explosiones nucleares con fines no bélicos como medio para impulsar naves a velocidades extremadamente altas. Aunque se trata de propuestas conceptuales, ilustran hasta qué punto el potencial energético de la radiactividad abre escenarios que van mucho más allá de las aplicaciones convencionales.

La radiactividad, entendida como fuente de energía, ha ampliado de forma extraordinaria el horizonte tecnológico de la humanidad y ha permitido imaginar formas de exploración que hace poco más de un siglo resultaban impensables. Todo ello ha sido posible a partir del descubrimiento de un fenómeno físico que transformó de manera profunda la ciencia y nuestra comprensión de la naturaleza.

16

LAS NUEVAS ENERGÍAS DEL FUTURO

En este capítulo, que prácticamente cierra el libro, vamos a hablar de las nuevas energías del futuro y en concreto de la fusión nuclear. Desde que comenzamos el camino de describir la historia de la radiactividad, hemos pasado por todos los acontecimientos importantes en el desarrollo de esta apasionante disciplina.

El siglo XX trajo enormes avances en física. Los descubrimientos de Röntgen, Becquerel y los Curie abrieron un campo desconocido: era como si se hubiera abierto la puerta al interior del átomo. La radiactividad ha mostrado tanto su cara destructiva en el armamento atómico como sus aplicaciones beneficiosas en medicina, agricultura y generación de energía. La energía que hemos visto hasta ahora se basa en la fisión nuclear: dividir un núcleo pesado tras el impacto de neutrones, generando enormes cantidades de energía según la fórmula de Einstein. Es una forma de energía relativamente sencilla de obtener comparada con la fusión, que describiremos en este capítulo.

Sin embargo, la fisión nuclear presenta varios problemas. Depende del uranio 235, que requiere enriquecimiento al no ser el isótopo más abundante. La minería de uranio tiene impacto ambiental y las plantas de enriquecimiento podrían tener fines no pacíficos, como vemos con las inspecciones de la OIEA en países como Irán o Corea del Norte. Las centrales requieren enorme inversión inicial y personal muy cualificado, y esto último genera empleo de calidad. La seguridad ha mejorado enormemente tras los accidentes anteriores, y la radiación en los alrededores de las centrales es mínima y está bajo control constante.

Uno de los mayores problemas asociados a las centrales nucleares de fisión es la gestión de sus residuos. Se trata de materiales radiactivos de media y alta actividad que, tras su uso como combustible, deben almacenarse en condiciones de seguridad estrictas. Inicialmente permanecen en piscinas situadas en las propias centrales, donde su estado puede controlarse entre otros métodos, mediante el análisis de la radiación de Cherenkov. Sin embargo, estas instalaciones tienen una capacidad limitada y llega un momento en que es necesario trasladar el combustible gastado a otros emplazamientos.

En este contexto, se investigan soluciones como el almacenamiento geológico profundo. Un ejemplo es el proyecto desarrollado en Suecia, en una región situada al norte de Estocolmo, que prevé la construcción de una instalación a varios cientos de metros bajo tierra, en un lugar sin apenas actividad geológica esperable en los próximos siglos o milenios. El objetivo es garantizar la estabilidad a muy largo plazo y evitar que fenómenos como terremotos u otros procesos geológicos puedan comprometer la integridad del almacenamiento y permitir la liberación de material radiactivo al exterior.

De manera que el problema de los residuos al final del ciclo del combustible y el impacto ambiental en el inicio del proceso constituyen dos de los principales retos de la fisión nuclear. Si se aspira a disponer de una fuente de energía segura y con bajas emisiones que contribuya a sustituir a los combustibles fósiles y a mitigar el cambio climático, resulta necesario plantear alternativas que reduzcan o eliminen estos problemas.

La solución la tenemos delante de nosotros cada día cuando amanece y miramos al Sol. Nuestra estrella es la central de energía que abastece a todo el sistema solar y lleva miles de millones de años produciendo energía de forma ininterrumpida; continuará haciéndolo durante un periodo comparable. En su interior se desarrolla un proceso físico distinto al de la fisión: la fusión nuclear.

¿Y cómo lo hace? A diferencia de la fisión, que fragmenta núcleos pesados, la fusión tiene lugar en la región de la tabla periódica donde se encuentran los núcleos más ligeros. Bajo determinadas condiciones, esos núcleos pueden unirse y, al hacerlo, liberan enormes cantidades de energía. En apariencia, la solución parece relativamente simple: reproducir en la Tierra exactamente lo que ocurre en el Sol y y emplear núcleos ligeros, como los del hidrógeno, para obtener una fuente energética prácticamente inagotable y con una producción de residuos muy reducida.

La realidad, sin embargo, es mucho más compleja. La fusión nuclear, se ha convertido en uno de esos horizontes temporales en la historia de la física: siempre se afirma que faltan unos cincuenta años para que las centrales de fusión funcionen de forma regular, y esos cincuenta años parecen no reducirse nunca con el paso del tiempo. La dificultad fundamental reside en la propia naturaleza del proceso. Mientras que en la fisión nuclear se fragmentan núcleos pesados, en la fusión es necesario unir núcleos ligeros, algo que resulta considerablemente más complicado. A escala atómica, esta unión exige vencer una intensa fuerza de repulsión eléctrica entre los núcleos.

Cuando esa barrera se supera, la energía liberada es enorme y, además, mucho más limpia que la procedente de la fisión nuclear, con una generación de residuos muy reducida. Este proceso tiene lugar de manera natural en el interior del Sol porque allí se alcanzan temperaturas extremadamente elevadas, que llevan a la materia a un estado distinto del sólido, el líquido o el gaseoso: el plasma. En ese entorno, formado por núcleos y electrones libres, se dan las condiciones necesarias para que la fusión nuclear pueda mantenerse de forma continua. Reproducir de manera controlada ese estado de la materia y esas condiciones extremas en la Tierra constituye el núcleo del desafío tecnológico asociado a la fusión nuclear.

Ahí reside el principal desafío: conseguir un plasma en la Tierra que permita la fusión nuclear. El objetivo es reproducir, de forma controlada, los procesos que tienen lugar en el interior del Sol, pero desde un punto de vista pacífico, alejados de cualquier aplicación asociada a las bombas termonucleares.

Un plasma es, en esencia, un gas ionizado formado por átomos a los que se les han quitado los electrones. En el caso del Sol, para que la fusión nuclear se pueda producir, los átomos de hidrógeno están sometidos a presiones y temperaturas enormes que permiten que se recombinen unos con otros para formar de esta manera elementos más pesados y así poder liberar energía durante el proceso. Los principales isótopos del hidrógeno que se emplean en la fusión nuclear son el deuterio y el tritio. En las condiciones idóneas, se pueden fusionar para generar unión de helio y liberar en el proceso neutrones de energía muy elevada. Además, este proceso de fusión genera mucha energía, aproximadamente cuatro veces más que la obtenida mediante la fisión nuclear y del orden de cuatro millones de veces más que la producida al quemar la misma cantidad de combustible fósil, como carbón o petróleo.

La inmensa cantidad de energía que se genera en un proceso de fusión nuclear justifica todos los esfuerzos que durante décadas se llevan realizando para lograr que esta fuente de energía sea viable. Existen algunos datos que permiten hacerse una idea de su potencial, procedentes directamente de la página web de la OIEA. Con tan solo unos poquitos gramos de deuterio y tritio sería posible generar la energía equivalente al consumo de una persona que viva en un país desarrollado durante unos sesenta años. Se trata de una cifra muy significativa si se tiene en cuenta, además, que estos dos materiales son mucho más accesibles que el uranio empleado en las centrales de fisión. El deuterio y el tritio son dos isótopos del hidrógeno, el elemento químico más simple de la tabla periódica. El hidrógeno está formado por un protón y un electrón; el deuterio añade un neutrón al núcleo, mientras que el tritio incorpora dos. El deuterio puede extraerse con relativa facilidad del agua de mar y el tritio puede generarse a partir del litio, otro elemento abundante en la naturaleza.

Además, las centrales de fusión futuras son muchísimo más seguras que las de fisión y un accidente como el que tuvo lugar en el caso de Chernóbil sería prácticamente imposible que ocurriese. La razón es que la fusión solo puede mantenerse mientras existan las condiciones necesarias para sostener el plasma, una «sopa» de partículas que únicamente se da bajo parámetros muy concretos de temperatura y confinamiento. Si esas condiciones se pierden, el plasma desaparece y el proceso de fusión se detiene de forma inmediata. En cuanto a los residuos, estos son infinitamente mucho menores y menos peligrosos que los de una central nuclear de fisión convencional. La fusión produce también materiales radiactivos, como el tritio, pero se trata de un isótopo con una vida media relativamente corta, de unos trece años. Al igual que ocurre con la fisión, las centrales de fusión no emiten dióxido de carbono a la atmósfera, lo que refuerza su interés como fuente energética de bajas emisiones.

El principal problema o reto para obtener energía eléctrica proveniente de una central de fusión nuclear convencional es enormemente complicado: es necesario generar un plasma y, sobre todo, mantenerlo estable. Solo así los microscópicos núcleos de deuterio y de tritio puedan fusionarse y de este modo producir energía. Para lograrlo, se emplean sistemas de confinamiento magnético, cuyo objetivo es impedir que el plasma entre en contacto con las paredes del reactor. La idea es sencilla en apariencia: atrapar esta «sopa» de partículas cargadas dentro de un campo magnético extremadamente intenso, de modo que permanezca confinada el tiempo suficiente para que tenga lugar la fusión. Puede imaginarse como una especie de prisión invisible que mantiene el plasma suspendido y aislado.

Existen dos enfoques principales para conseguir este confinamiento: el tokamak y el stellarator. Ambos utilizan campos magnéticos, pero difieren en la forma de generarlos y controlarlos. En el caso del stellarator, el campo se produce mediante un conjunto de bobinas externas dispuestas con una geometría especialmente compleja. Este enfoque ha dado lugar a importantes avances científicos en diferentes países, como Alemania, y también en España. En el Centro Nacional de Aceleradores (CNA), en Sevilla, el grupo de investigación de ciencia del plasma y tecnología de fusión nuclear está trabajando con la geometría del stellarator. Incluso existen instalaciones de este tipo ya en marcha, como la que se encuentra en Madrid en el centro de investigación CIEMAT, donde funciona un dispositivo que genera campos magnéticos del orden de 1,5 teslas.

La técnica que, a día de hoy, parece ofrecer mayores posibilidades de viabilidad comercial e industrial es el diseño denominado tokamak. Puede imaginarse como una enorme estructura con forma de donut. En su interior, un potente electroimán genera un campo magnético capaz de confinar el deuterio y el tritio, y llevarlos al estado de plasma; en otras palabras, crea las condiciones necesarias para que esa «sopa» de partículas cargadas alcance las temperaturas en las que puede producirse la fusión. Alrededor del donut se sitúan otros 24 electroimanes, cuya función es moldear y estabilidad al plasma. Al mismo tiempo, se inyectan haces de partículas y ondas electromagnéticas de altísima energía que elevan su temperatura hasta alcanzar decenas de millones de grados, condiciones imprescindibles para que los núcleos ligeros puedan fusionarse.

Precisamente un tokamak es el diseño elegido para el mayor proyecto internacional de fusión nuclear en marcha: ITER, en el sur de Francia con la participación de 33 países. Si en el siglo xx el Proyecto Manhattan reunió a los mejores científicos de la época, actualmente ITER hace lo mismo, pero esta vez con un fin pacífico: generar energía que sea limpia y prácticamente inagotable. Entre los miembros de este proyecto se encuentran la Unión Europea, China, Rusia, Japón, Corea, la India y los Estados Unidos. Su objetivo es demostrar que la energía de fusión nuclear es viable y que el sueño de imitar en la Tierra lo que hace el Sol es algo perfectamente posible. Uno de los objetivos concretos es generar 500 MW de potencia de fusión en su plasma. Hasta este momento, el récord se encuentra en 16 MW que se han obtenido a partir de 24 MW. Es decir, un rendimiento negativo del 67 %. ITER aspira a invertir esa relación y alcanzar un factor de ganancia diez veces superior a la energía suministrada al plasma. No se trata de una central eléctrica conectada a la red: ITER no suministrará electricidad para uso doméstico. Su propósito es demostrar que el principio físico funciona a gran escala y que la fusión controlada puede ser técnicamente viable como futura fuente de energía.

El proyecto se inició en la construcción en el año 2020 y, en la actualidad, miles de personas de muchísimas nacionalidades diferentes y de muchísimos campos del conocimiento igualmente diferentes trabajan en él. No han faltado obstáculos, retrocesos y dificultades; incluso ha habido momentos en los que se ha planteado su cancelación. A pesar de todo ello, el proyecto sigue adelante. Además, toda la tecnología y conocimiento que se está produciendo en ITER es de acceso abierto y no están sujetos a patentes. Se trata de una iniciativa que pone la ciencia, en su sentido más amplio, al servicio de la humanidad, apoyándose en procesos que tienen lugar en estructuras tan diminutas como los isótopos del elemento más pequeño del universo, el hidrógeno.

Aquellos inicios, hace poco más de 125 años, cuando científicos movidos por su curiosidad comenzaron a estudiar fenómenos raros e inesperados para entender su origen, nos han conducido hasta los años 20 del siglo XXI. Hoy, basándonos en esos mismos conceptos, intentamos desarrollar una fuente de energía inagotable que permita avanzar hacia un futuro más limpio y respetuoso con nuestro planeta.

La historia de la radiactividad es también la historia del avance de la física del siglo XX. Demuestra que el conocimiento distaba mucho de estar completo a finales del XIX y que aún queda mucho por descubrir. La radiactividad abrió las puertas a la estructura interna de la materia, reveló los secretos del átomo y nos mostró que su aplicación puede adoptar caminos

Vista aérea del complejo ITER en el sur de Francia.

muy distintos: desde el uso bélico de las armas atómicas hasta fines pacíficos como es el tratamiento y diagnóstico de enfermedades, la producción de energía o la garantía de la calidad y seguridad de los alimentos. La radiactividad es la ciencia en su sentido más amplio.

Para terminar, podemos citar una de las frases más famosas de la científica que se asocia siempre y de forma incuestionable con la radiactividad, Marie Skłodowska Curie: «Nada en este mundo debe ser temido, solo entendido. Ahora es el momento de entender más, para poder temer menos». Hoy, quizá más que nunca, esta reflexión cobra mucha más importancia.

ANEXO

Muchos hombres y mujeres hicieron posible que la radiactividad se descubriera y se generaran multitud de aplicaciones. Repasemos los nombres más relevantes. La siguiente selección sigue el orden de aparición en el libro y trata de señalar aspectos muy puntuales y curiosidades de todos ellos. Cualquiera de estos nombres merecería por sí solo varios libros.

William Thomson, primer barón de Kelvin (26 de junio de 1824–17 de diciembre de 1907). Físico británico nacido en Belfast, durante 53 años fue profesor de Filosofía Natural en la Universidad de Glasgow. El sistema internacional de unidades emplea su nombre para cuantificar la temperatura. Se le atribuye erróneamente, la cita que afirma que a finales del siglo xix ya estaba todo descubierto en física.

Albert A. Michelson (19 de diciembre de 1852–9 de mayo de 1931). Físico experimental estadounidense principalmente conocido por el experimento de Michelson-Morley, el cual fue clave en la materia pues demostró que la velocidad de la luz no depende de la dirección de observación y que el éter no era real. Recibió el Premio Nobel de Física en 1907 por el «desarrollo de instrumentación óptica de precisión que permitió llevar a cabo investigación en espectroscopia y meteorología».

THOMAS YOUNG (13 de junio de 1773–10 de mayo de 1829). Auténtico polifacético británico que trabajó en campos como la luz, la mecánica, la energía o la fisiología. También en otros campos no experimentales como el lenguaje o incluso la música. Era conocido como el «hombre que sabía de todo». Aunque en física es conocido por el desarrollo de la teoría ondulatoria de la luz, cabe destacar su importante —y menos popular— contribución a descifrar lenguajes como los jeroglíficos de la famosa piedra Rosetta.

JAMES CLERK MAXWELL (13 de junio de 1831–5 de noviembre de 1879). Físico y matemático escocés responsable de la teoría clásica de la radiación electromagnética y de las famosas cuatro ecuaciones que explican el electromagnetismo. También es uno de los creadores de la mecánica estadística y uno de los primeros intelectuales que demostró que los famosos anillos del planeta Saturno están compuestos de numerosas pequeñas partículas.

MICHAEL FARADAY (22 de septiembre de 1791–25 de agosto de 1867). Físico y químico inglés que pasó a la historia por sus contribuciones al electromagnetismo y por sentar los principios que explican fenómenos como la inducción electromagnética, el diamagnetismo y la electrólisis. A su figura se debe también la denominada «caja de Faraday», dispositivo que demuestra cómo un campo eléctrico puede quedar aislado en el interior de un conductor. Fue también pionero en la divulgación científica al impulsar las célebres «Lecciones de Navidad», inauguradas en 1825 en la Royal Institution del Reino Unido, con el propósito de acercar la ciencia al público general, especialmente a los más jóvenes.

Sir Joseph John Thomson (18 de diciembre de 1856–30 de agosto de 1940). Científico británico que realizó importantes contribuciones a la física de partículas, como el descubrimiento del electrón y la propuesta de uno de los primeros modelos para explicar la estructura del átomo. En el año 1906 recibió el Premio Nobel de Física en «reconocimiento al mérito de su investigación experimental y teórica en la conducción de la electricidad por los gases».

Dimitri Ivanovich Mendeléyev (8 de febrero de 1834–2 de febrero de 1907). Químico ruso conocido por la formulación de la ley periódica de los elementos y la creación de una de las versiones más famosas de la tabla periódica, la cual permitió predecir la existencia de varios elementos antes de que se descubrieran experimentalmente. Tuvo una vida sentimental complicada que le causó problemas a la hora de ser aceptado en los círculos científicos de Rusia a pesar de ser reconocido internacionalmente. Fue nominado hasta tres veces al Premio Nobel de Química.

Wilhelm Conrad Röntgen (27 de marzo de 1845–10 de febrero de 1923). Físico experimental alemán que descubrió los rayos X en 1895 cuando estaba estudiando la radiación de los rayos catódicos en la Universidad de Wurzburgo. Fue la primera persona en recibir el Premio Nobel de Física en 1901.

Antoine Henri Becquerel (15 de diciembre de 1852–25 de agosto de 1908). Un extraordinario físico francés a quien se le reconoce como la primera persona en descubrir la radiactividad. Investigando los rayos X, de casualidad, descubrió que unas sales de uranio emitían de forma espontánea una radiación que quedaba reflejada en unas placas fotográficas. Los estudios posteriores revelaron que se trataba de una radiación diferente a la de los rayos X. La unidad de medida de radiactividad lleva su nombre en el sistema internacional. Becquerel recibió el Premio Nobel de Física en 1903, compartido con Marie y Pierre Curie en «reconocimiento a los extraordinarios servicios que ha prestado descubriendo la radiactividad espontánea».

PIERRE CURIE (15 de mayo de 1859-19 de abril de 1906). Físico francés que pasó a la historia por sus trabajos en radiactividad y el descubrimiento de nuevos elementos químicos. De familia de científicos, desempeñó muchos trabajos con la piezoelectricidad, efecto que descubrió junto a su hermano Jacques Curie. También estudió las propiedades magnéticas de las sustancias, las cuales cambian a cierta temperatura, —temperatura o punto de Curie—. Fue un auténtico especialista en la construcción de instrumental científico

MARIE SKŁODOWSKA CURIE (7 de noviembre de 1867-4 de julio de 1934). Física polaca que realizó una de las mayores contribuciones al campo de los dos últimos siglos. De familia con mucha curiosidad científica, emigró de Polonia a Francia para poder cumplir su sueño de estudiar física y matemáticas. Con un carácter tenaz y muy meticulosa en sus trabajos, alcanzó la fama por dejar constancia en sus cuadernos de todos los progresos en su trabajo en el laboratorio. Dichos cuadernos están protegidos debido a la radiación que emiten todavía.

Se convirtió en la primera mujer en recibir un Premio Nobel y en una de las pocas personas galardonadas en dos ocasiones. En 1903 obtuvo, junto a su marido Pierre Curie y compartido con Henri Becquerel, el Premio Nobel de Física, en reconocimiento a los extraordinarios servicios prestados a través de sus investigaciones sobre los fenómenos de radiación descubiertos por Becquerel.

En 1911 recibió su segundo Premio Nobel, esta vez de Química, por sus contribuciones al desarrollo de esta disciplina mediante el descubrimiento de los elementos radio y polonio, el aislamiento del radio y el estudio de la naturaleza y los compuestos de este extraordinario elemento.

IRÈNE CURIE (12 de septiembre de 1897–17 de marzo de 1956). Hija de Marie y Pierre Curie, pasó a la historia junto a su marido por el descubrimiento de la radiactividad artificial, motivo por el que ambos recibieron el Premio Nobel de Química en 1935 en «reconocimiento por la síntesis de nuevos elementos radiactivos». Junto con su madre trabajó durante la I Guerra Mundial en las famosas *petites Curies*, ayudando a los heridos en las batallas empleando la técnica de rayos X. Fue también activa políticamente y defensora de los derechos de las mujeres. Formó parte durante un corto periodo del Gobierno de la República francesa.

FRÉDÉRIC JOLIOT (19 de marzo de 1900–14 de agosto de 1958). Químico francés que trabajó como asistente de Marie Curie en el Instituto del Radio. Llevó a cabo el estudio de la estructura atómica junto a su mujer; sus trabajos fueron fundamentales en el descubrimiento del neutrón por parte de Chadwick y del positrón por parte de Anderson. Además de científico, Joliot fue también un amante del piano, la pintura de paisajes y de la lectura.

ÈVE DENISE CURIE LABOUISSE (6 de diciembre de 1904–22 de octubre de 2007). La hija menor del matrimonio Curie y la única de la familia que no se dedicó a la ciencia. Fue escritora, pianista y periodista y la autora de la biografía más famosa de su madre, *Madame Curie*. Aunque no obtuvo el Premio Nobel, indirectamente sí que se puede decir que lo consiguió a través de su marido, Henry Richardson Labouisse Junior, que recogió el Premio Nobel de la Paz en 1965 en nombre de UNICEF por «sus esfuerzos en la mejora de la solidaridad entre las naciones y la reducción de las diferencias entre estados ricos y pobres».

PIETER ZEEMAN (25 de mayo de 1865–9 de octubre de 1943). Físico experimental alemán que pasó a la historia por la explicación del efecto que lleva su nombre, que consiste en la descomposición de una línea espectro en varios componentes bajo la presencia de un campo magnético. Recibió junto con Hendrik A. Lorentz el Premio Nobel de Física en 1902 en «reconocimiento por los extraordinarios servicios prestados con sus investigaciones sobre la influencia del magnetismo en el fenómeno de la radiación».

FREDERICK SODDY (2 de septiembre de 1877–22 de septiembre de 1956). Radioquímico británico que explicó junto con Rutherford que la radiactividad se debe a la transmutación de los elementos químicos en lo que en la actualidad se conoce como reacciones nucleares. En el año 1921, el mismo año en el que Einstein recibe el Premio Nobel de Física, Soddy lo recibe en la categoría de Química por «su contribución al conocimiento de la química de las sustancias radiactivas y sus investigaciones en el origen y la naturaleza de los isótopos».

HARRIET BROOKS (2 de julio de 1876–17 de abril de 1933). Física nuclear canadiense que fue famosa por sus trabajos en radiactividad, descubrió el retroceso atómico y la transmutación de los elementos. Trabajó siempre con Ernest Rutherford, que consideraba a Harriet al mismo nivel que Marie Curie. Fue una de las primeras personas en descubrir el gas noble radiactivo radón y en determinar su masa atómica.

ERNEST RUTHERFORD (30 de agosto de 1871–19 de octubre de 1937). Físico y químico neozelandés, pionero en el estudio de la física atómica y nuclear. Realizó importantísimas contribuciones a la física como el modelo atómico que lleva su nombre o sus trabajos en radiactividad. En el año 1908 recibió el Premio Nobel de Química por «sus investigaciones en la desintegración de los elementos y en la química de las sustancias radiactivas».

WILLIAM RAMSAY (2 de octubre de 1852–23 de julio de 1916). Químico escocés, descubridor de los gases nobles y ganador del Premio Nobel de Química en 1904 en «reconocimiento a los servicios prestados en el descubrimiento de los elementos gaseosos inertes en el aire y por determinar su posición en el sistema periódico».

FRIEDRICH OSKAR GIESEL (20 de mayo de 1852–13 de noviembre de 1927). Químico orgánico alemán que trabajó en la nueva disciplina de la radioquímica y comenzó la producción industrial del radio.

FRIEDRICH ERNST DORN (27 de julio de 1848–16 de diciembre de 1916). Físico alemán que pasó a la historia por el descubrimiento de las emanaciones gaseosas del radio que constituyen el elemento químico y gas noble radón.

HANTARO NAGAOKA (19 de agosto de 1865–11 de diciembre de 1950). Físico japonés y pionero de la física en Japón, nacido en Nagasaki y formado por la Universidad de Tokio. Viajó a Europa para continuar con su educación trabajando con físicos muy relevantes de la época y acudiendo a una de las primeras conferencias impartidas por Marie Curie. Estudió la estructura atómica proponiendo un modelo para el átomo que se conoce como el modelo saturnino del átomo.

ALBERT EINSTEIN (14 de marzo de 1879–18 de abril de 1955). Posiblemente uno de los mayores físicos de toda la historia junto con Newton. Físico teórico, revolucionó la materia a principios del siglo XX con su teoría de la relatividad especial y general que desmontaba la física newtoniana empleada hasta la época y explicaba fenómenos que no eran posible de justificar con las teorías de Newton. Autor de la famosa carta a Roosevelt, obtuvo el Premio Nobel de Física en 1921: no por las teorías por las que pasaría a la fama, sino por «sus servicios a la física teórica y especialmente por el descubrimiento de la ley del efecto fotoeléctrico». Albert Einstein fue un firme defensor de las ideas pacifistas y además un apasionado de la música e intérprete de violín. Huyó de la Alemania nazi a los Estados Unidos antes de los inicios de la II Guerra Mundial y no volvería nunca a su país natal.

PAUL LANGEVIN (23 de enero de 1872–19 de diciembre de 1946). Físico francés que desarrolló la dinámica que lleva su nombre, al igual que la famosa ecuación. Activo políticamente, se opuso públicamente al fascismo, motivo por el que fue sometido a arresto domiciliario durante la II Guerra Mundial por el Gobierno de Vichy. Mantuvo una relación sentimental con Marie Curie tras la muerte de Pierre.

RICHARD FEYNMAN (11 de mayo de 1918–15 de febrero de 1988). Físico teórico estadounidense conocido por la formulación integral de mecánica cuántica, la electrodinámica cuántica, la física de superfluos y otros trabajos en física de partículas. En el año 1965 recibió el Premio Nobel de Física junto con Sin-Itiro Tomonaga y Julian Schwinger por «su trabajo fundamental en electrodinámica cuántica que condujo a profundas consecuencias para la física de partículas elementales». Feynman es además el autor de las expresiones matemáticas que se emplean para estudiar el comportamiento de las partículas subatómicas conocidas como «diagramas de Feynman». Participó en el Proyecto Manhattan y contribuyó a la popularización de la ciencia a través de sus famosas *The Feynman Lectures on Physics*.

EBEN BYERS (12 de abril de 1880–31 de marzo de 1932). Famoso deportista de los Estados Unidos que tuvo la mala suerte de pasar a la historia por ser una de las primeras víctimas asociadas a la radiactividad al ingerir cientos de botellas de la sustancia «milagrosa» conocida como Radithor.

GRACE FRYER, QUINTA MCDONALD, EDNA HUSSMAN, KATHE-
RINE SCHAUB. Algunas de las famosas chicas del radio. Fueron
las pioneras en poner una demanda por un tema relacionado
con la protección radiológica contra la empresa que no empleó
dichas medidas. Su lucha cambió para siempre el concepto de
protección radiológica.

MÓNICO SÁNCHEZ MORENO (4 de mayo de 1880–6 de noviembre de 1961). Uno de esos nombres muy desconocidos para el
público, pero figura decisiva en las aplicaciones de la radiactividad, cuyos desarrollos permitieron crear las primeras unidades portátiles de rayos X. Nacido en la localidad de Piedrabuena, en la provincia de Ciudad Real, se trata de un ejemplo
de perseverancia y emprendimiento.

ERNST MARSDEN (19 de febrero de 1889–15 de diciembre de
1970). Físico inglés-neozelandés, fue una de las personas que
trabajó con Rutherford en el desarrollo de las teorías sobre la
estructura del átomo.

OTTO HAHN (8 de marzo de 1879–28 de julio de 1968). Químico alemán y uno de los pioneros de la radioquímica. Junto
con Lise Meitner descubrió el fenómeno de la fisión nuclear.
En el año 1944 recibió el Premio Nobel de Química por «su
descubrimiento de la fisión de los núcleos pesados».

LISE MEITNER (7 de noviembre de 1878–27 de octubre de
1968). Austríaca de nacimiento y sueca por adopción, Lise fue
una física nuclear que realizó junto con Otto Hahn el descubrimiento de la fisión nuclear. Su figura guarda muchos paralelismos con la de Marie Curie, de ahí que incluso el propio
Einstein la denominara la «Marie Curie alemana» (a pesar de
ser austríaca). Lise sufrió las penurias de la II Guerra Mundial, tuvo que emigrar de Austria debido a su ascendencia judía y recalando en Suecia, desde donde por correspondencia

confirmó los cálculos de Otto Hahn, descubriendo de esta forma la fisión nuclear.

JAMES CHADWICK (20 de octubre de 1891–24 de julio de 1974). Físico experimental británico procedente de una familia muy humilde sin ninguna tradición científica. Chadwick realizó el descubrimiento del neutrón y por este motivo recibió el Premio Nobel de Física de 1935 por «el descubrimiento del neutrón»; así de sencilla fue la motivación. James Chadwick participó en el Proyecto Manhattan liderando el equipo de británicos.

NIELS BOHR (7 de octubre de 1885–18 de noviembre de 1962). Físico teórico danés cuyas contribuciones fueron esenciales en la comprensión de la estructura atómica y el desarrollo de la teoría cuántica. Se dedicó también a la filosofía y tuvo muchas discusiones científicas con Albert Einstein. En 1922 recibió el Premio Nobel de Física por «sus servicios en la investigación de la estructura de los átomos y la radiación que emana de ellos». Bohr es uno de los daneses más reconocidos a nivel mundial y sus contribuciones fueron determinantes en el desarrollo de la física del siglo XX.

JOHN ARCHIBALD WHEELER (9 de julio de 1911–13 de abril de 2008). Físico teórico estadounidense que trabajó junto con Bohr en los principios de la fisión nuclear y también en el campo de la relatividad general. Entre otros, es conocido por popularizar conceptos como los agujeros negros, los agujeros de gusano o incluso por plantear la hipótesis de un universo con un solo electrón.

LEO SZILARD (11 de febrero de 1898–30 de mayo de 1964). Físico húngaro que trabajó en física nuclear y que introdujo el término de reacción en cadena, patentando incluso la idea. Uno de los autores, junto con Einstein, de la famosa carta a

Roosevelt de la que hemos hablado y que fue uno de los puntos de partida del Proyecto Manhattan. Posteriormente, Szilard escribiría al presidente Truman pidiendo la demostración de la bomba atómica, pero no contra civiles.

ENRICO FERMI (29 de septiembre de 1901–28 de noviembre de 1954). Italiano de origen y nacionalizado estadounidense, Fermi fue el creador del primer reactor nuclear en la Universidad de Chicago y participó también en el equipo científico del Proyecto Manhattan. Conocido como el arquitecto de la era nuclear. Realizó numerosas aportaciones en mecánica estadística (la estadística de Fermi-Dirac), la teoría cuántica y, naturalmente, la física nuclear y de partículas. En 1938 recibe el Premio Nobel de Física por «su demostración de la existencia de nuevos eventos radiactivos producidos por irradiación neutrónica y por el descubrimiento de reacciones nucleares atenuadas con neutrones lentos».

WERNER HEISENBERG (5 de diciembre de 1901–1 de febrero de 1976). Físico teórico alemán y uno de los pioneros de la teoría de la mecánica cuántica. Participó como científico investigador principal en el programa nuclear de la Alemania nazi durante la II Guerra Mundial. Una de sus contribuciones más conocidas es la elaboración del principio de incertidumbre, una de las bases de la mecánica cuántica. Recibió en 1932 el Premio Nobel de Física por «la creación de la mecánica cuántica, cuya aplicación conduce al descubrimiento de las formas alotrópicas del hidrógeno».

J. ROBERT OPPENHEIMER (22 de abril de 1904–18 de febrero de 1967). Físico teórico estadounidense conocido por ser el director científico del Proyecto Manhattan que condujo al desarrollo de la primera bomba atómica. Aparte de esto, Oppenheimer realizó numerosas contribuciones a la física en campos como la mecánica cuántica y la física nuclear, como la aproximación de Bohr-Oppenheimer a las funciones de onda moleculares. Se le considera uno de los físicos que introdujo la mecánica cuántica en los EE. UU. Tuvo también mucho interés por la filosofía y el pensamiento hindú.

Franklin Delano Roosevelt (30 de enero de 1882–12 de abril de 1945). Fue el 32.º presidente de los EE. UU., ejerció dicha labor durante doce años, siendo de esta forma el presidente que más tiempo ha ocupado el cargo. Miembro del Partido Demócrata y responsable del inicio del Proyecto Manhattan. Se le considera uno de los grandes presidentes en la historia de los EE. UU.

Otto Robert Frisch (1 de octubre de 1904–22 de septiembre de 1979). Austríaco de nacimiento, pero nacionalizado británico, fue un científico que trabajó en física nuclear. Junto con Otto Stern e Immanuel Estermann realizaron la medida del momento magnético del protón. Su tía era Lise Meitner y junto con ella desarrolló la explicación teórica de la fisión nuclear. Trabajó en el Proyecto Manhattan en Los Álamos.

Harry S. Truman (8 de mayo de 1884–26 de diciembre de 1972). Truman fue el 33.º presidente de los Estados Unidos tras la muerte de Roosevelt. Miembro del Partido Demócrata, fue el presidente que dio la orden del ataque a Hiroshima y Nagasaki con las primeras bombas atómicas sobre población civil. Al terminar la II Guerra Mundial, llevó a cabo la implementación del Plan Marshall para la reconstrucción de Europa.

Joseph Vissarionovich Stalin (18 de diciembre de 1878–5 de marzo de 1953). Fue uno de los líderes más carismáticos de la Unión Soviética, ejerció su presidencia desde 1924 hasta su muerte. Su interpretación del marxismo es a menudo conocida como estalinismo y fue, junto con Truman y Churchill, el líder que participó en las conferencias de finales de la II Guerra Mundial y finales en las que se diseñó la estructura del mundo de la postguerra.

IGOR YEVGENYEVICH TAMM (8 de julio de 1895–12 de abril de 1971). Físico soviético que recibió el Premio Nobel de Física en 1958 por «el descubrimiento y la interpretación del efecto Cherenkov». Fue un destacadísimo físico teórico que trabajó en temas como la relatividad y la mecánica nuclear, desarrollando un método para la interpretación de la interacción entre partículas nucleares. Fue uno de los participantes en el proyecto de la URSS para la creación de la bomba termonuclear.

PÁVEL ALEKSÉYEVICH CHERENKOV (28 de julio de 1904–6 de enero de 1990). Doctor en física y matemáticas, descubridor de la radiación que lleva su nombre y recibió junto con I. Tamm e Il´ja Mikhailovich Frank el Premio Nobel de Física en 1958.

DWIGHT D. EISENHOWER (14 de octubre de 1890–28 de marzo de 1969). Eisenhower fue el 34.º presidente de los Estados Unidos después de Truman, ejerció el cargo durante ocho años en representación del partido Republicano. Fue uno de los impulsores de la creación de la OIEA a partir de su famoso discurso *Atoms for peace*.

EMILIO SEGRÈ (1 de febrero de 1905–22 de abril de 1989). Físico nuclear italiano-estadounidense, descubridor de algunos elementos y Premio Nobel de Física en 1959 impartido con Owen Chamberlain por «el descubrimiento del antiprotón». Trabajó también en el Proyecto Manhattan.

GLENN THEODORE SEABORG (19 de abril de 1912–25 de febrero de 1999). Químico estadounidense que trabajó con los elementos transuránicos, descubriendo 10 de ellos. Estos descubrimientos le valieron, junto con Edwin M. McMillan el Premio Nobel de Química en 1951 por «los descubrimientos en la química de los elementos transuránicos».

Organización Internacional de la Energía Atómica (OIEA). Creada en 1957, se trata de una de las organizaciones de las Naciones Unidas. Tiene por mandato el promover el uso pacífico de la ciencia y las tecnologías nucleares. Es un organismo clave en el uso de la radiactividad con fines pacíficos y sus actividades comprenden multitud de campos que van desde la energía nuclear hasta otras aplicaciones como la física médica, o incluso la aplicación de la tecnología nuclear en la producción de alimentos y nutrición junto con la FAO en el marco del programa «Atoms4Food».

AGRADECIMIENTOS

La elaboración de un libro es un trabajo que lleva mucho tiempo y que solamente se puede llevar a cabo con éxito con el apoyo de muchas personas que están detrás del escritor. Me gustaría expresar mi más sincero agradecimiento a varias personas. Para comenzar, a Eugenio Manuel Fernández Aguilar por haber creído en mí desde aquella primera videollamada que hicimos en el otoño de 2024. Todo ello fue posible gracias a que Jesús Diez Muñoz, delegado en Castilla y León del Colegio Oficial de físicos (COFIS) nos puso en contacto. Vaya por delante mi agradecimiento a Jesús por hacer posible dicho contacto.

Normalmente no se suele incluir en el apartado de agradecimientos a los profesionales que trabajan en la sombra realizando las correcciones, trabajando el estilo y haciendo legible el manuscrito original. Son los editores y, en este caso, doy las gracias de todo corazón a Aida y Sofía de la editorial Pinolia por haber conseguido que un manuscrito en muchas ocasiones caótico pudiera tomar la forma de un libro.

Y naturalmente a Pinolia por haber aceptado este proyecto de libro.

En lo más personal, mis padres siempre me han acompañado a lo largo de mi trayectoria profesional. Este libro está escrito precisamente con la intención de hacerles comprensible la ciencia a la que se ha dedicado su hijo en toda su carrera. Gracias por enseñarme tanto y por la educación que me habéis proporcionado.

Y aún más personal a mi mujer Sviatlana y a mi hijo Niko. Han sido muchos días en los que no os he podido dedicar la atención que merecéis y vuestra comprensión me ha ayudado a llevar con éxito este proyecto de libro. No tengo palabras para expresaros mi agradecimiento.

BIBLIOGRAFÍA

Barnard C. I. et al. (1946). A Report on the International Control of Atomic Energy. *The Acheson-Lilienthal Report on the International Control of Atomic Energy.* Washington, D. C.

Bohr, N., & Wheeler, J. A. (1939). The mechanism of nuclear fission. *Physical Review,* 56(5), 426-450.

Clark, C. (1997). *Radium Girls Women and Industrial Health Reform,* 1910-1935. The University of North Carolina Press.

Discurso aceptación del Premio Nobel por parte de Pierre Curie. (1903). https://www.nobelprize.org/uploads/2018/06/becquerel-lecture.pdf

Discurso aceptación del Premio Nobel por parte de Frederick Soddy.(1922).https://www.nobelprize.org/uploads/2018/06/soddy-lecture.pdf

Engelmann, W. (1913). Radium Emanation Therapy. *The Lancet* [1225].

Física Médica. (2025). http://fisicamedica.es

Foro Nuclear (2025). https://www.foronuclear.org

Hürter, T. (2024). *Atomernas tid: hur fysiken förändrade vår syn på världen, 1895-1945.* Albert Bonniers förlag.

International Atomic Energy Agency. (2025). https://www.iaea.org

ITER. (2025). https://www.iter.org/

Jahrbuch der Radioactivität und Elektrönika. (1904-1924). Hirzel

J.J. Thomson F.R.S. (1904) XXIV. On the structure of the atom: an investigation of the stability and periods of oscillation of a number of corpuscles arranged at equal intervals around the circumference of a circle; with application of the results to the theory of atomic structure, *Philosophical Magazine Series* 6, 7:39, 237-265, DOI: 10.1080/14786440409463107

Le Radium. (1904 - 1919). EDP Sciences.

Malley, M.A. (2011). *Radioactivity: a history of a mysterious science.* Oxford University press.

Michelson, A.A. (1902). *Light waves and their uses.* The university of Chicago press.

Ramos R.R. et al. (2022). Mónico Sánchez Moreno: A pioneer in radiologic technology. *Humanities in Radiology,* 64(2), [169-178]

Reed, A. B. (2011). The history of radiation use in medicine. *Journal of Vascular Surgery,* 53(1, Suppl.), [35-55]

National Security Archive. (2019, 9 de septiembre). *Detection of the first Soviet nuclear test,* September 1949 [Briefing book]. George Washington University. https://nsarchive.gwu.edu/briefing-book/nuclear-vault/2019-09-09/detection-first-soviet-nuclear-test-september-1949

National Security Council. (1950, 7 de abril). *United States objectives and programs for national security* (NSC-68). https://loveman.sdsu.edu/docs/1950NationalSecurityCouncilnsc68.pdf

Sjöström, J. (2016). *Den moderna fysikens genombrott : upptäckterna och människorna bakom.* Santérus

Sublette, C. (2007, 3 de octubre). *A brief history of the Soviet atomic project.* The Nuclear Weapon Archive. http://nuclearweaponarchive.org/Russia/Sovwpnprog.html

U.S. Department of Energy, Office of Scientific and Technical Information. (n.d.). *Manhattan Project history: Events.* OpenNet. (2025). https://www.osti.gov/opennet/manhattan-project-history/Events/events.htm

Este libro se terminó de imprimir en el mes de marzo de 2026 en Liberdúplex, S.L. (Barcelona).